特長と使い方

JN084426

～本書を活用した大学入試対策～

☐ **志望校を決める（調べる・考える）**

入試日程，受験科目，出題範囲，レベルなどが決まるので，やるべきことが見えやすくなります。

☐ **「合格」までのスケジュールを決める**

基礎固め・苦手克服期…受験勉強スタート～入試の 6 か月前頃

・教科書レベルの問題を解けるようにします。

・苦手分野をなくしましょう。

⊖教科書の内容の理解が不安な人は，

『大学入試 ステップアップ 数学Ⅰ【基礎】』に取り組みましょう。

応用力養成期…入試の 6 か月前～ 3 か月前頃

・身につけた基礎を土台にして，入試レベルの問題に対応できる応用力を養成します。

・志望校の過去問を確認して，出題傾向，解答の形式などを把握しておきましょう。

・模試を積極的に活用しましょう。模試で課題などが見つかったら，『大学入試 ステップアップ 数学Ⅰ【基礎】』で復習して，確実に解けるようにしておきましょう。

実戦力養成期…入試の 3 か月前頃～入試直前

・時間配分や解答の形式を踏まえ，できるだけ本番に近い状態で過去問に取り組みましょう。

☐ **志望校合格！！**

📖 数学の学習法

◎**同じ問題を何度も繰り返し解く**

多くの教材に取り組むよりも，1 つの教材を何度も繰り返し解く方が力がつきます。

⊖『大学入試 ステップアップ 数学Ⅰ【基礎】』の活用例を，次のページで紹介しています。

◎**解けない問題こそ実力アップのチャンス**

間違えた問題の解説を読んでも理解できないときは，解説を 1 行ずつ丁寧に理解しながら読むまたは書き写して，自分のつまずき箇所を明確にしましょう。その上で教科書の公式や例題を確認しましょう。教科書レベルの内容がよく理解できないときは，さらに前に戻って復習することも大切です。

◎**基本問題は確実に解けるようにする**

応用問題も基本問題の組み合わせです。まずは基本問題が確実に解けるようにしましょう。解ける基本問題が増えていくことで，応用力も必ず身についてきます。

◎**ケアレスミス対策**

日頃から，暗算に頼らず途中式を丁寧に書く習慣を身につけ，答え合わせで計算も確認して，ミスの癖を知っておきましょう。

～本書のしくみ～

本冊

要点整理
重要事項や公式をまとめています。確実に使いこなせるようにしましょう。

☆重要な問題
ぜひ取り組んでおきたい問題です。状況に応じて効率よく学習を進めるときの目安にもなります。

見開き2ページで1単元完結。
問題はほぼ「易→難」の順に並んでいます。

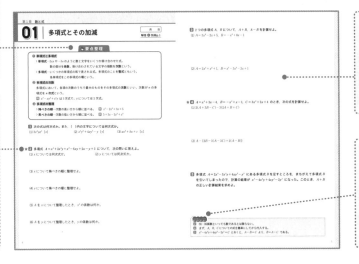

余白に書き込みながら取り組むこともできて、復習にも便利です。

advice
つまずきそうな問題には、着眼点や注意点を紹介しています。

解答・解説

図やグラフを豊富に使って解説しています。視覚的にイメージできるので、理解しやすいです。

着目すべきポイントを色つきにしているので、理解しやすくなっています。

大問ごとに、「解答→解説」の順に配列しているので、答え合わせがしやすいです。

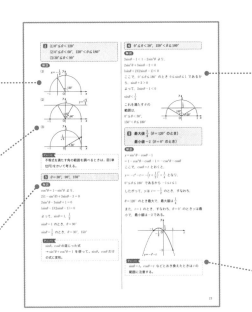

詳しい解説つきです。答え合わせのとき、答えの正誤確認だけでなく解き方も理解しましょう。記述力もアップします。

別解
正解だった場合も確認しましょう。さらに実力がアップします。

Point
注意事項や参考事項を紹介しています。

📖 本書の活用例

◎何度も繰り返し取り組むとき、1巡目は全問→2巡目は1巡目に間違った問題→3巡目は2巡目に間違った問題…のように進めて、全問解けるようになるまで繰り返します。

◎ざっと全体を復習したいときは、各単元の見開き左側ページだけ取り組むと効率的です。

目 次

本書に関する最新情報は, 小社ホームページにある**本書の**「**サポート情報**」をご覧ください。(開設していない場合もございます。)
なお, この本の内容についての責任は小社にあり, 内容に関するご質問は直接小社におよせください。

01 多項式とその加減

要点整理

❶ **単項式と多項式**
> **単項式**…$2xy$ や $-3a$ のように数と文字をいくつか掛け合わせた式。
>> 数の部分を**係数**，掛け合わされている文字の個数を**次数**という。
> **多項式**…いくつかの単項式の和で表される式。多項式のことを**整式**ともいう。
>> 各単項式をこの多項式の**項**という。

❷ **多項式の次数**
多項式において，各項の次数のうちで最大のものをその多項式の**次数**といい，次数が n の多項式を n **次式**という。
例 $x^3 - xy^2 + x^2y$ は 3 次式で，y については 2 次式。

❸ **多項式の整理**
> **降べきの順**…次数の高い方から順に並べる。　例 $x^3 - 2x^2 + 3x + 5$
> **昇べきの順**…次数の低い方から順に並べる。　例 $5 + 3x - 2x^2 + x^3$

1 次の式は何次式か。また，〔　〕内の文字については何次式か。
(1) $3x^2yz^3$ 〔x〕　　　　(2) $x^3y^2 + 4xy^3 - y$ 〔y〕　　　　(3) $ax^2 + bx + c$ 〔x〕

☆ **2** 多項式 $A = x^3 + 2x^2y + x^2 - 6xy + 2x - y + 3$ について，次の問いに答えよ。
(1) x については何次式か。　　　　(2) y については何次式か。

(3) x について降べきの順に整理せよ。

(4) y について降べきの順に整理せよ。

(5) A を x について整理したとき，x^2 の係数は何か。

(6) A を y について整理したとき，y の係数は何か。

3 2つの多項式 A，B について，$A+B$，$A-B$ を計算せよ。

(1) $A=3x^2-2x+5$，$B=-x^2+8x-1$

(2) $A=2x^3+x^2+1$，$B=x^3-3x^2-3x+1$

☆ **4** $A=x^2+3x-4$，$B=-x^2+x-1$，$C=3x^2+2x+4$ のとき，次の式を計算せよ。

(1) $2(A+3B-C)-3(2A+B+C)$

(2) $A-\{2B-3(A-3C)+2(A-B)\}$

5 多項式 $A=2x^3-3x^2y+4xy^2-y^3$ にある多項式 B を足すところを，まちがえて多項式 B を引いてしまったので，計算の結果が $x^3-4x^2y+4xy^2-2y^3$ になった。このとき，$A+B$ の正しい計算結果を求めよ。

advice
2 (5)・(6)係数といっても数であるとは限らない。
4 まず，A，B，C についての式を簡単にしてから代入する。
5 $x^3-4x^2y+4xy^2-2y^3=C$ とおくと，$A-B=C$ より，$B=A-C$ である。

多項式の乗法

月　日

解答 ▶ 別冊p.1

要点整理

❶ 指数法則

m, n を正の整数とするとき

$$a^m \times a^n = a^{m+n} \qquad (a^m)^n = a^{mn}$$

❷ 乗法公式

> $(x+a)(x+b) = x^2 + (a+b)x + ab$

> $(a+b)^2 = a^2 + 2ab + b^2 \qquad (a-b)^2 = a^2 - 2ab + b^2$

> $(a+b)(a-b) = a^2 - b^2$

> $(ax+b)(cx+d) = acx^2 + (ad+bc)x + bd$

> $(a+b+c)^2 = a^2 + b^2 + c^2 + 2ab + 2bc + 2ca$

❸ 3次式の展開

$$(a+b)^3 = a^3 + 3a^2b + 3ab^2 + b^3 \qquad (a-b)^3 = a^3 - 3a^2b + 3ab^2 - b^3$$

1 次の式を計算せよ。

(1) $x \times x^2 \times 3x^4$

(2) $(-4x^2y^3)^2$

(3) $3a^3b^2 \times (-2ab^2)^3$

(4) $12a^2b\left(\dfrac{2}{3}a^2 - \dfrac{1}{4}ab + b^2\right)$

(5) $(-3ab)^2 \times \dfrac{1}{3}a^2b^3 \div 6a^3b^4$

2 次の式を展開せよ。

(1) $(2x-3)^2$

(2) $(x+2y)(x-2y)$

(3) $(4x-1)(3x-2)$

(4) $(a-2b+3c)^2$

(5) $(x^2-x+1)^2$

☆ **3** 次の式を展開せよ。

(1) $(x+1)^3(x-1)^3$　　　　　　　　　　(2) $(x+1)(x+3)(x+5)(x+7)$

(3) $(a+b+c)(a^2+b^2+c^2-ab-bc-ca)$

☆ **4** 次の式を計算せよ。

(1) $(x+y+z)(x+y-z)(x-y+z)(x-y-z)$

(2) $(x+y+z)^2-(x+y-z)^2+(x-y+z)^2-(-x+y+z)^2$

5 $(x^4+3x^3-4x^2-x+4)(x^3-x^2-2x+6)$ を展開したときの x^4 の係数を求めよ。

---

advice

3 (1) $(x+1)^3(x-1)^3=\{(x+1)(x-1)\}^3$　(2) $(x+1)$ と $(x+7)$，$(x+3)$ と $(x+5)$ を組み合わせる。

4 (2)x^2，y^2，z^2 の項はすべて消える。

5 x^4 が出てくる項の組み合わせだけを考えればよい。

因数分解

解答 ▶ 別冊p.2

月　　日

要点整理

❶ **2次式の因数分解**

> $a^2 + 2ab + b^2 = (a+b)^2$　　　$a^2 - 2ab + b^2 = (a-b)^2$

> $a^2 - b^2 = (a+b)(a-b)$

> $x^2 + (a+b)x + ab = (x+a)(x+b)$

> $acx^2 + (ad+bc)x + bd = (ax+b)(cx+d)$ 〔たすき掛け〕

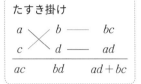

❷ **3次式の因数分解**

$a^3 + b^3 = (a+b)(a^2 - ab + b^2)$　　　$a^3 - b^3 = (a-b)(a^2 + ab + b^2)$

❸ **複雑な因数分解**

> おき換えの利用　　> 最低次数の文字に着目　　> 1つの文字について整理

---

1 次の式を因数分解せよ。

(1) $x^2 + 6x + 9$

(2) $4x^2 - y^2$

(3) $x^2 - 18x + 72$

(4) $4x^2 - 4xy + y^2$

(5) $x^3 + 8$

(6) $a^3 - 64b^3$

2 次の式を因数分解せよ。

(1) $3x^2 + 10x + 3$

(2) $4a^2 + 8a + 3$

(3) $3x^2 + 5x - 2$

(4) $12x^2 - 5x - 3$

(5) $6x^2 + 5xy - 4y^2$

(6) $12x^2 - 4xy - 5y^2$

☆ **3** 次の式を因数分解せよ。

(1) $x^2 - y^2 + 6y - 9$

(2) $2x^2 + 6xy + x - 3y - 1$

(3) $(ax + by)^2 - (ay + bx)^2$

(4) $(x^2 - x)^2 - 8(x^2 - x) + 12$

4 $x^2 - 4xy + 3y^2 + 3x - 7y + 2$ を次のように因数分解した。(1)～(5)にあてはまる式を書け。

$$x^2 - 4xy + 3y^2 + 3x - 7y + 2$$
$$= x^2 - (\boxed{(1)})x + 3y^2 - 7y + 2$$
$$= x^2 - (\boxed{(1)})x + (\boxed{(2)})(\boxed{(3)})$$
$$= \{x - (\boxed{(2)})\}\{x - (\boxed{(3)})\}$$
$$= (\boxed{(4)})(\boxed{(5)})$$

☆ **5** 次の式を因数分解せよ。

(1) $x^2 + 2xy + y^2 - x - y - 56$ 　　[東洋大]　　(2) $x^2 + 4y^2 - z^2 - 4xy$ 　　[湘南工科大]

---

advice

2 「たすき掛け」の方法を用いる。

3 (2)次数の低い y について整理する。(3)・(4)因数分解はできるところまでやること。

5 (　　)^2 となる 3 つの単項式に着目する。

実　数

要点整理

❶ 有理数と無理数

> **有理数**……整数 m と 0 でない整数 n を用いて $\dfrac{m}{n}$

の形に表される数→**整数，有限小数，循環小数**

> **無理数**……有理数でない**実数**→循環しない**無限小数**

❷ 絶対値

数直線上で，実数 a と原点との距離。

> $a \geqq 0$ のとき，$|a| = a$

> $a < 0$ のとき，$|a| = -a$

❸ 整数部分と小数部分

実数 x について，$n \leqq x < n+1$ を満たす整数 n を x の整数部分といい，x から整数部分を引いたもの $(x-n)$ を x の小数部分という。

例 $1 \leqq \sqrt{2} < 2$ だから，$\sqrt{2}$ の整数部分は 1，小数部分は $\sqrt{2}-1$

1 次の分数を循環小数で表せ。

(1) $\dfrac{1}{9}$　　　　(2) $\dfrac{8}{33}$　　　　(3) $\dfrac{3}{7}$

2 次の循環小数を分数で表せ。

(1) $0.\dot{1}\dot{2}$　　　　(2) $0.\dot{1}2\dot{3}$　　　　(3) $0.1\dot{2}\dot{3}$

3 次の値を求めよ。

(1) $|-5|$　　　　(2) $|1-\sqrt{3}|$　　　　(3) $|3-1|-|2-5|$

☆ **4** x の値が次のそれぞれの場合について，$|x+1|+|2x-5|$ の値を求めよ。

(1) $x=3$　　　　　(2) $x=-2$　　　　　(3) $x=\sqrt{5}$

☆ **5** 次の文が成り立つかどうかを判断し，成り立つならば○を，成り立たないならば成り立たない例を 1 つあげよ。

(1) x，y が有理数ならば，$x+y$，xy も有理数である。

(2) x，y が無理数ならば，$x+y$，xy も無理数である。

(3) a が有理数，x が無理数ならば，ax は無理数である。

(4) a，b が有理数，x が無理数で，$a+bx=0$ ならば，$a=b=0$ である。

6 記号 $[x]$ は，$n\leqq x<n+1$ を満たす整数 n を表すものとする。次の問いに答えよ。

(1) $[\sqrt{1}\,]+[\sqrt{2}\,]+[\sqrt{3}\,]+[\sqrt{4}\,]+[\sqrt{5}\,]+[\sqrt{6}\,]+[\sqrt{7}\,]+[\sqrt{8}\,]$ を求めよ。

(2) $[\sqrt{1}\,]+[\sqrt{2}\,]+[\sqrt{3}\,]+\cdots\cdots+[\sqrt{99}\,]+[\sqrt{100}\,]$ を求めよ。

advice
2 (3) $0.1\dot{2}\dot{3}=x$ とおくと，$10x=1.\dot{2}\dot{3}$，$1000x=123.\dot{2}\dot{3}$ である。
4 $a\geqq0$ のとき $|a|=a$，$a<0$ のとき $|a|=-a$
6 $[\sqrt{1}\,]=[\sqrt{2}\,]=[\sqrt{3}\,]=1$，$[\sqrt{4}\,]=[\sqrt{5}\,]=[\sqrt{6}\,]=[\sqrt{7}\,]=[\sqrt{8}\,]=2$，$\cdots\cdots$

根号を含む式の計算 ①

🖐 要点整理

❶ 平方根の四則計算

$a>0$, $b>0$, $k>0$ のとき，

> $m\sqrt{a} \pm n\sqrt{a} = (m \pm n)\sqrt{a}$ （複号同順）　> $\sqrt{a}\,\sqrt{b} = \sqrt{ab}$　> $\dfrac{\sqrt{a}}{\sqrt{b}} = \sqrt{\dfrac{a}{b}}$

> $\sqrt{k^2 a} = k\sqrt{a}$　　> $\sqrt{A^2} = |A| = \begin{cases} A & (A \geqq 0 \text{ のとき}) \\ -A & (A < 0 \text{ のとき}) \end{cases}$　←根号の中に文字を含むときに注意。

❷ 分母の有理化

分母に根号を含まない形に変形すること。

例 $\dfrac{1}{\sqrt{2}} = \dfrac{1 \times \sqrt{2}}{\sqrt{2} \times \sqrt{2}} = \dfrac{\sqrt{2}}{2}$，$\dfrac{1}{\sqrt{3}+1} = \dfrac{\sqrt{3}-1}{(\sqrt{3}+1)(\sqrt{3}-1)} = \dfrac{\sqrt{3}-1}{2}$

❸ 2重根号

$a>b>0$ のとき，$\sqrt{(a+b) \pm 2\sqrt{ab}} = \sqrt{a} \pm \sqrt{b}$ （複号同順）

1 次の計算をせよ。

(1) $\sqrt{3} + \sqrt{27} - \sqrt{300}$

(2) $\sqrt{20} - \sqrt{8} - \sqrt{5} + \sqrt{18}$

(3) $(2\sqrt{2} + \sqrt{6})(2\sqrt{2} - \sqrt{6})$

(4) $(\sqrt{3} + 1)^2$

☆ **2** 次の式の分母を有理化せよ。

(1) $\dfrac{6}{\sqrt{12}}$

(2) $\dfrac{1}{2-\sqrt{3}}$

(3) $\dfrac{3-\sqrt{7}}{3+\sqrt{7}}$

(4) $\dfrac{1}{1+\sqrt{2}+\sqrt{3}}$

3 次の式の2重根号をはずして簡単にせよ。

(1) $\sqrt{6+2\sqrt{5}}$

(2) $\sqrt{7-\sqrt{40}}$

(3) $\sqrt{11-\sqrt{72}}$

(4) $\sqrt{4+\sqrt{15}}$

☆ **4** 次の計算をせよ。

(1) $(\sqrt{5}+\sqrt{3}-\sqrt{2})(\sqrt{5}-\sqrt{3}+\sqrt{2})$

(2) $\dfrac{5-\sqrt{3}}{2+\sqrt{3}}-\dfrac{\sqrt{6}+\sqrt{2}}{\sqrt{6}-\sqrt{2}}$

5 $a \neq 0$ とするとき，$\dfrac{|a|}{a}+\dfrac{2\sqrt{a^2}}{|a|}+\dfrac{4a}{\sqrt{a^2}}$ の値を求めよ。

[高知工科大]

advice

2 (4)まず，分子，分母に $1+\sqrt{2}-\sqrt{3}$ をかける。

3 (4)$\sqrt{4+\sqrt{15}}=\sqrt{\dfrac{8+2\sqrt{15}}{2}}=\dfrac{\sqrt{8+2\sqrt{15}}}{\sqrt{2}}$

5 $a>0$ のとき $\sqrt{a^2}=|a|=a$，$a<0$ のとき $\sqrt{a^2}=|a|=-a$ である。

根号を含む式の計算 ②

月　　日

解答 ▶ 別冊p.4

🖑 要点整理

❶ a, b についての対称式（a と b を入れかえてももとの式と同じになる式）

すべての**対称式**は，**基本対称式** $a+b$ と ab を用いて表すことができる。

> $a^2+b^2=(a+b)^2-2ab$　　　　　> $(a-b)^2=(a+b)^2-4ab$

> $(a+1)(b+1)=ab+a+b+1$　　　> $\dfrac{1}{a}+\dfrac{1}{b}=\dfrac{a+b}{ab}$

> $a^3+b^3=(a+b)^3-3ab(a+b)$ など

❷ **次数下げ**

例 $x=1+\sqrt{3}$ のとき，x^2-2x+6 の値を求める。

$x=1+\sqrt{3}$ より，$x-1=\sqrt{3}$

両辺を 2 乗すると，$(x-1)^2=(\sqrt{3})^2$

$x^2-2x+1=3$　$x^2=2x+2$ より x^2 に代入して，$x^2-2x+6=(2x+2)-2x+6=8$

☆ **❶** $x=\dfrac{2-\sqrt{3}}{2+\sqrt{3}}$, $y=\dfrac{2+\sqrt{3}}{2-\sqrt{3}}$ のとき，次の式の値を求めよ。

(1) $x+y$　　　　　　　　　　　　(2) xy

(3) x^2+y^2　　　　　　　　　　　(4) x^3+y^3

❷ $x=2+\sqrt{3}$ のとき，次の式の値を求めよ。

(1) x^2-4x-3

(2) x^3-4x^2+8x+4

☆ **3** $\sqrt{7}$ の整数部分を a, 小数部分を b とするとき, 次の問いに答えよ。 [愛知学院大]

(1) a の値を求めよ。

(2) $\dfrac{a}{b}$ の整数部分を求めよ。

4 $\dfrac{4}{3-\sqrt{5}}$ の整数部分を a, 小数部分を b とするとき, 次の問いに答えよ。

(1) a, b の値を求めよ。

(2) a^2+b^2+4b+1 の値を求めよ。

5 $a=\dfrac{\sqrt{3}}{\sqrt{3}+\sqrt{2}}$, $b=\dfrac{\sqrt{3}}{\sqrt{3}-\sqrt{2}}$ のとき, 次の式の値を求めよ。 [武蔵大-改]

(1) $a^3+b^3-a^2+ab-b^2$

(2) a^3-b^3

advice
2 次数下げをする。
4 分母を有理化する。$\sqrt{5}=2.23\cdots\cdots$
5 (2)$a^3-b^3=(a-b)^3+3ab(a-b)$ を利用する。

07 | 1次不等式

要点整理

❶ 1次不等式の解

移項により $ax>b$ に整理して，
$$\begin{cases} a>0 \text{ のとき,} \ x>\dfrac{b}{a} \\ a<0 \text{ のとき,} \ x<\dfrac{b}{a} \end{cases}$$
←不等号の向きが変わる。

❷ 連立1次不等式の解

2つの不等式をそれぞれ解き，その共通範囲を求める。

例 $\begin{cases} 3x+2>x-4 \quad \cdots\cdots ① \\ 3-2x\geqq -x+2 \quad \cdots\cdots ② \end{cases}$

①より，$3x-x>-4-2,\ 2x>-6,\ x>-3$

②より，$-2x+x\geqq 2-3,\ -x\geqq -1,\ x\leqq 1$

①，②の共通範囲を求めて，$-3<x\leqq 1$

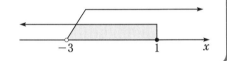

☆ **1** 次の不等式を解け。

(1) $2x-5<4x-1$

(2) $3x-2>5(x-1)+3$

(3) $0.3+0.2(x-5)\leqq x+0.9$

(4) $\dfrac{5x-1}{2}-3x-4>0$

(5) $\dfrac{2}{3}(7-x)\geqq 6-\dfrac{1-x}{2}$

2 次の連立不等式を解け。

(1) $\begin{cases} 3x-7\leqq 5-x \\ 4x>x-12 \end{cases}$

(2) $\begin{cases} 2(x-3)>5x+3 \\ 4x+1<2x+3 \end{cases}$

(3) $\begin{cases} 3x+1\leqq 4x+3 \\ \dfrac{x+8}{2}\geqq 2x+3 \end{cases}$

3 次の 3 つの不等式を同時に満たす整数 x の値をすべて求めよ。

$3x+6 \leqq -2(x+5)+21$ ……① $\quad x+4 > 3(x+1)$ ……② $\quad 7(x+1) \geqq 4x+1$ ……③

☆ **4** 不等式 $x-8 \leqq 4x-1 < 9x+10$ を解け。

5 x についての不等式 $4x-a+1 > 3(x+a)$ について答えよ。 ［常磐大］

(1) 解が $x > 2$ となるとき，a の値を求めよ。

(2) 解に $x = -5$ は含まれないが $x = -4$ は含まれるとき，a の値の範囲を求めよ。

---

advice

3 3 つの不等式の解を数直線上に表し，共通範囲を見つける。

4 2 つの不等式 $x-8 \leqq 4x-1$ と $4x-1 < 9x+10$ をそれぞれ解き，その共通範囲を求める。

5 不等式の解を a で表し，それぞれの条件を満たすように考える。

いろいろな方程式と不等式

月　　日

解答 ▶ 別冊p.6

🖐 要点整理

❶ 文字係数の 1 次方程式

x についての方程式 $ax=b$ の解
$$\begin{cases} a \neq 0 \text{ のとき, } x=\dfrac{b}{a} \\ a=0,\ b \neq 0 \text{ のとき, 解なし} \\ a=0,\ b=0 \text{ のとき, すべての実数} \end{cases}$$

❷ 文字係数の 1 次不等式

x についての不等式 $ax>b$ の解
$$\begin{cases} a>0 \text{ のとき, } x>\dfrac{b}{a} \\ a<0 \text{ のとき, } x<\dfrac{b}{a} \\ a=0,\ b \geqq 0 \text{ のとき, 解なし} \\ a=0,\ b<0 \text{ のとき, すべての実数} \end{cases}$$

❸ 絶対値を含む方程式, 不等式

≫$k>0$ のとき, $\begin{cases} |A|=k \text{ の解は } A=\pm k \\ |A|<k \text{ の解は } -k<A<k \\ |A|>k \text{ の解は } A<-k,\ k<A \end{cases}$

≫$A \geqq 0$ のとき, $|A|=A$ 　　$A<0$ のとき, $|A|=-A$

---

1 a を実数の定数とするとき, 次の方程式や不等式を解け。

(1) $ax=2x+1$ 　　　　　　　　　　(2) $ax<2x+1$

2 $a,\ b$ を実数の定数とするとき, 次の方程式や不等式を解け。

(1) $ax-b=x+3$ 　　　　　　　　　　(2) $a^2x>-x+b$

3 次の方程式を解け。

(1) $|2x-5|=3$　　　　　　　　　　(2) $|x-3|=2x+6$

☆ **4** 次の不等式を解け。

(1) $|2x-1|<5$　　　　　　　　　　(2) $|2x-1|<x+5$

☆ **5** 次の方程式や不等式を解け。

(1) $|x-1|+|x+2|=5$　　　　　　　(2) $|x-3|+|2x-1|>8$

6 不等式 $|3x-5|<x+4$ を満たす整数解を求めよ。　　　　　　　　　[広島工業大]

---

advice

2 (2) a は実数だから，$a^2+1>0$ である。

4 (1) $|2x-1|<5$ は $-5<2x-1<5$ と同じことである。

5 (1) $x\geqq 1$，$-2\leqq x<1$，$x<-2$　(2) $x\geqq 3$，$\dfrac{1}{2}\leqq x<3$，$x<\dfrac{1}{2}$ に場合分けして解く。

集合と命題 ①

月　　日

解答 ▶ 別冊p.8

要点整理

❶ 集合の表し方

> 要素を書きならべる。　例 $A = \{1, 2, 3, 6\}$

> 要素の条件を示す。　例 $A = \{x \mid x$ は 6 の正の約数$\}$

❷ 部分集合

> $A \supset B$　　　　　> $A \subset B$

$A \supset B$ かつ $A \subset B$ のとき，$A = B$

❸ 空集合

要素を 1 つももたない集合。空集合はすべての集合の部分集合である。

❹ 共通部分 $A \cap B$　　**❺ 和集合 $A \cup B$**　　**❻ 補集合 $\overline{A}$**

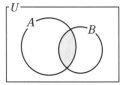　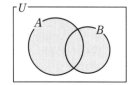　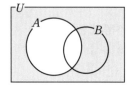

❼ ド・モルガンの法則

> $\overline{A \cap B} = \overline{A} \cup \overline{B}$　　　　> $\overline{A \cup B} = \overline{A} \cap \overline{B}$

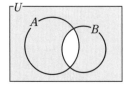　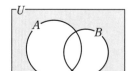

---

1 次の集合を，要素を書きならべる方法で表せ。

(1) 30 以下の正の整数のうちで，30 の約数であるものの集合 A

(2) 80 以上 100 以下の整数のうちで，素数であるものの集合 B

(3) $C = \{2n + 1 \mid n = 1, 2, 3, 4, 5\}$

(4) $D = \{x \mid x^2$ は 3 以下の自然数$\}$

☆ **2** $A=\{1,\ 2,\ 3,\ 4,\ 6,\ 12\}$, $B=\{1,\ 2,\ 4,\ 8,\ 16\}$ とするとき，次の集合を求めよ。

(1) $A \cap B$　　　　　　　　　　　　(2) $A \cup B$

☆ **3** 1 から 20 までの整数の集合を全体集合 U とし，その部分集合 A，B を，A は 3 の倍数の集合，B は 4 の倍数の集合とするとき，次の集合を求めよ。

(1) $A \cap B$　　　　　　　　　　　　(2) $A \cup B$

(3) $\overline{A} \cap B$　　　　　　　　　　　(4) $\overline{A \cup B}$

4 全体集合 $U=\{1,\ 2,\ 3,\ 4,\ 5,\ 6,\ 7,\ 8,\ 9,\ 10\}$ の部分集合 $A=\{1,\ 2,\ 3,\ 4,\ 8,\ 9\}$，$B=\{2,\ 4,\ m\}$($m$ は 2，4 以外の U の要素)に対して，$A \cap B=\{2,\ 4\}$ となるのは $m=\boxed{①}$ のときであり，$\overline{A \cup B}=\{6,\ 7,\ 10\}$ となるのは $m=\boxed{②}$ のときである。ただし，$\overline{A \cup B}$ は U における $A \cup B$ の補集合である。$\boxed{}$ を埋めよ。　　　　　　　　　　　　　　　　　　[愛知工業大]

5 数直線上の集合 $A=\{x \mid 2<x<9\}$，$B=\{x \mid k<x<k+2\}$(ただし，k は定数)において，$A \cap B$ が空集合になるような k の値の範囲を求めよ。　　　　　　　　[千葉工業大]

advice

3 図示して考えるとわかりやすい。

4 (2)$\overline{A \cup B}$ から $A \cup B$ の要素を書きならべて考える。

5 数直線上で考える。まず，$2<x<9$ を表示し，$k<x<k+2$ がこれと共通な範囲をもたなければよい。

10 | 集合と命題 ②

🖐 要点整理

❶ 十分条件と必要条件

> 「p ならば q である」（$p \Longrightarrow q$）が真であるとき，

　p は q であるための **十分条件** であるという。

　q は p であるための **必要条件** であるという。

> 「p ならば q である」「q ならば p である」（$p \Longleftrightarrow q$）がともに真である

　とき，p は q であるための **必要十分条件** であるという。

❷ 条件の否定

> 「p である」かつ「q である」 $\xrightarrow{\text{否定}}$ 「p でない」または「q でない」

> すべての x について〇〇である。 $\xrightarrow{\text{否定}}$ ある x について〇〇でない。

> A も B もともに〇〇である。 $\xrightarrow{\text{否定}}$ A，B の少なくとも一方が〇〇でない。

❸ 命題の逆・裏・対偶

命題「p ならば q である」に対して，

> **逆**「q ならば p である」　　> **裏**「p でないならば q でない」

> **対偶**「q でないならば p でない」　　※命題の対偶が真であれば，もとの命題も真である。

❹ 背理法

ある命題に対して，その命題が成り立たないと仮定すると矛盾が導かれることを示すことによって，その命題が正しいことを証明する方法。

---

1 次の □ の中にあてはまる語句を下のア〜エから 1 つずつ選べ。

(1) $x > 1$ であることは $x^2 > 1$ であるための □。

(2) m，n がともに整数であることは，$m + n$，mn がともに整数であるための □。

(3) m を整数とする。m が偶数であることは，m^2 が 4 の倍数であるための □。

(4) $a > 0$ であることは，$ab + 1 > 0$ であるための □。

(5) $(x - a)(y - b) = 0$ であることは，$x = a$ かつ $y = b$ であるための □。

ア 必要条件であるが十分条件ではない　　**イ** 十分条件であるが必要条件ではない

ウ 必要十分条件である　　**エ** 必要条件でも十分条件でもない

2 次のそれぞれの条件の否定を述べよ。

(1) x, y の少なくとも一方は正である。

(2) $x > 0$ かつ $y > 0$ である。

(3) ある数 a に対して，$ax \geqq 0$ である。

☆ **3** 命題「$a + b > 0$ ならば $a > 0$ または $b > 0$ である」の逆・裏・対偶をそれぞれ述べよ。また，それぞれの真偽をいえ。

☆ **4** 次の □ にあてはまる語句を，**1** の選択肢ア〜エから1つずつ選べ。

(1) 実数 a, b に対して，$a \geqq b$ であることは，$|a - b| = a - b$ が成り立つための □ 。[成蹊大－改]

(2) 「$x^2 > y^2 + 1$」は「$|x| > |y|$」であるための □ 。　　　　　　　　　　　　　　[北見工業大]

5 $\sqrt{2}$ が有理数であると仮定すると，$\sqrt{2} = \dfrac{n}{m}$（ただし，m, n は互いに素である正の整数）とおくことができる。このことを利用し，背理法によって $\sqrt{2}$ が無理数であることを証明せよ。

11 ｜ 関数とグラフ

要点整理

❶ 関数記号 $f(x)$

> y が x の関数であることを，文字 f，g などを用いて $y=f(x)$，$y=g(x)$ などと表す。

> 関数 $y=f(x)$ において，$x=a$ のときの y の値を $f(a)$ と表す。

　例 関数 $f(x)=-2x+5$ において，$f(2)=-2\cdot2+5=1$

❷ 定義域と値域

関数 $y=f(x)$ において，x の値の範囲が定められているとき，x の変域のことを**定義域**，それに対する y の変域のことを**値域**という。

❸ 関数の最大値と最小値

関数の値域に最大の値があればそれを関数の**最大値**といい，最小の値があればそれを関数の**最小値**という。

❹ 絶対値を含む関数のグラフ

絶対値の定義に基づいて適切に場合分けを行う。

---

1 関数 $f(x)=-3x+1$ において，次の値を求めよ。

(1) $f(2)$　　　　　(2) $f(-3)$　　　　　(3) $f(0)$　　　　　(4) $f(a-2)$

2 関数 $f(x)=2x^2$ において，次の値を求めよ。

(1) $f(1)$　　　　　(2) $f(-2)$　　　　　(3) $f\left(\dfrac{1}{2}\right)$　　　　　(4) $f(a+1)$

3 次の関数の値域を求めよ。

(1) $y=-2x+4\ (-1\le x\le2)$　　　　　　(2) $y=\dfrac{1}{4}x^2\ (-2<x<4)$

☆ **4** 次の関数で，最大値，最小値があれば，それを求めよ。

(1) $y = x - 2$ $(-4 \leqq x \leqq 2)$

(2) $y = -2x + 5$ $(-3 \leqq x < 0)$

(3) $y = x^2$ $(-2 \leqq x < 1)$

(4) $y = -\dfrac{1}{2}x^2$ （定義域は実数全体）

☆ **5** 関数 $y = |x + 2| + |x - 1|$ のグラフをかけ。

6 関数 $y = |2 - x| + 1$ において，$0 < x < 5$ に対する値域を求めよ。

---

advice

4 関数の最大値，最小値を考えるときは，必ずグラフをかいて考える。

5 $x \geqq 1$，$-2 \leqq x < 1$，$x < -2$ に場合分けして，それぞれのグラフをかく。

6 まず，関数のグラフをかいて考える。

12 | 2次関数とグラフ

要点整理

❶ 2次関数 $y=a(x-p)^2+q$ のグラフ

$y=ax^2$ のグラフを x 軸方向に p, y 軸方向に q だけ**平行移動**したもの。

> **軸**……直線 $x=p$

> **頂点**……点 $(p,\ q)$

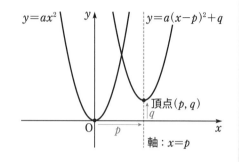

❷ 2次関数 $y=ax^2+bx+c$ のグラフ

$y=ax^2+bx+c \to y=a\left(x+\dfrac{b}{2a}\right)^2-\dfrac{b^2-4ac}{4a}$ のように**平方完成**して,

> **軸**……直線 $x=-\dfrac{b}{2a}$　　> **頂点**……点 $\left(-\dfrac{b}{2a},\ -\dfrac{b^2-4ac}{4a}\right)$

❸ 放物線の対称移動

> x 軸に関して対称移動……y のところに $-y$ をあてはめた式。

> y 軸に関して対称移動……x のところに $-x$ をあてはめた式。

> 原点に関して対称移動……x, y のところに $-x$, $-y$ をあてはめた式。

1 次の2次関数のグラフの軸と頂点の座標を求めよ。

(1) $y=2(x+2)^2+3$

(2) $y=-(x-4)^2-3$

(3) $y+2=\dfrac{1}{2}\left(x+\dfrac{1}{2}\right)^2$

2 次の2次関数のグラフの概形をかけ。

(1) $y=x^2-1$

(2) $y=-2(x-1)^2$

(3) $y=\dfrac{1}{2}(x+4)^2+1$

☆ **3** 平方完成することにより，次の2次関数のグラフの軸と頂点の座標を求めよ。

(1) $y = x^2 + 4x$　　　　　(2) $y = -x^2 - 2x + 7$　　　　　(3) $y = 2x^2 - 8x + 1$

☆ **4** 放物線 $y = -2x^2 + 6x + 9$ は，放物線 $y = -2x^2$ をどのように平行移動したものか。

5 放物線 $y = x^2 - 2x + 3$ を次の直線や点に関してそれぞれ対称移動させてできる放物線の方程式を求めよ。

(1) x 軸　　　　　　　(2) y 軸　　　　　　　(3) 原点

6 2次関数 $y = -3x^2$ のグラフを x 軸方向に1，y 軸方向に2だけ平行移動した放物線の方程式が $y = -3x^2 + px + q$ になる。このとき，p，q の値を求めよ。　　　　　[立教大]

---

advice
- **2** グラフの概形をかくときは，頂点の座標以外に放物線上の1点（y 切片など）を示すこと。
- **3** 平方完成した式がもとの式と等しいことをしっかりと確認すること。
- **4** 放物線の移動は，頂点の移動で考えるとよい。

13 | 2次関数の最大・最小 ①

月　　日

解答 ▶ 別冊p.11

要点整理

❶ 定義域が実数全体のとき

2次関数 $y = a(x-p)^2 + q$ において，

> $a > 0$ （下に凸）ならば

$x = p$ のとき最小で，最小値は q，最大値はなし。

> $a < 0$ （上に凸）ならば

$x = p$ のとき最大で，最大値は q，最小値はなし。

❷ 定義域が定められているとき

頂点の y 座標，定義域の両端での y の値が最大値・最小値の候補になる。

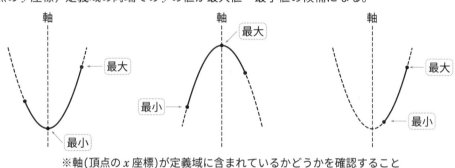

※軸(頂点の x 座標)が定義域に含まれているかどうかを確認すること

---

1 次の2次関数の最大値と最小値を求めよ。

(1) $y = (x-1)^2 + 3$

(2) $y = -2x^2 - 8x - 7$

☆**2** (　　　)のように定義域が与えられているとき，次の2次関数の最大値と最小値を求めよ。

(1) $y = x^2 - 8x$ $(2 \leqq x \leqq 5)$

(2) $y = -2x^2 + 9x - 5$ $(3 \leqq x \leqq 6)$

3 $-1 \leqq x \leqq 4$ において，2次関数 $y = \dfrac{1}{2}x^2 - x + c$ の最小値が -2 になるような c の値を求めよ。また，そのとき 2 次関数 $y = \dfrac{1}{2}x^2 - x + c$ の最大値を求めよ。

☆ **4** 関数 $y = -x^2 + bx + c$ $(1 \leqq x \leqq 4)$ は $x = 2$ のとき最大となり，最小値は -1 である。このとき，定数 b，c の値を求めよ。

5 2次関数 $y = ax^2 + bx + c$ $(a \neq 0)$ のグラフは 2 点 $(3, 5)$，$(4, 2)$ を通り，また，この関数は $x = 2$ で最大値をとる。このとき，定数 a，b，c の値を求めよ。　[日本歯科大]

advice

3 軸が直線 $x = 1$ であるから，最大値をとるのは $x = 4$ のときである。

4 この 2 次関数は直線 $x = 2$ を軸にもち，$x = 4$ のとき $y = -1$ である。

5 最大値を q とすると，この 2 次関数は $y = a(x-2)^2 + q$ $(a < 0)$ とおくことができる。

2次関数の最大・最小 ②

　要点整理

軸や定義域が動くとき

軸，定義域の両端，定義域の中央の位置関係で場合分けする。

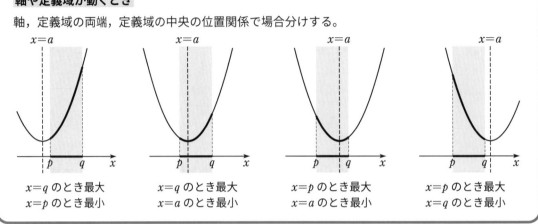

| $x=q$ のとき最大 | $x=q$ のとき最大 | $x=p$ のとき最大 | $x=p$ のとき最大 |
| $x=p$ のとき最小 | $x=a$ のとき最小 | $x=a$ のとき最小 | $x=q$ のとき最小 |

1 2次関数 $y=x^2-2ax+3$ の $1\leqq x\leqq 3$ における最小値を $m(a)$, 最大値を $M(a)$ とするとき，次の問いに答えよ。

(1) $m(a)$ を a で表せ。

(2) $M(a)$ を a で表せ。

☆ **2** $a\leqq x\leqq a+2$ における 2次関数 $f(x)=x^2-4x-1$ の最小値を $m(a)$ とするとき，$m(a)$ を a で表し，$y=m(a)$ のグラフをかけ。

☆ **3** 関数 $y=(x^2+2x)^2+4(x^2+2x)-3$ の最小値を求めよ。

4 $x \geqq 0$, $y \geqq 0$ で，$3x+y=1$ のとき，x^2+y^2 の最大値と最小値を求めよ。

5 a を実数とする。2 次関数 $f(x)=x^2-ax+1$ の定義域 $0 \leqq x \leqq 1$ における最大値 $M(a)$，最小値 $m(a)$ を求めよ。

［慶應義塾大−改］

- **2** $2 \leqq a$, $a<2 \leqq a+2$, $a+2<2$ で場合分けをする。
- **4** $y=1-3x$ を x^2+y^2 に代入して，x についての 2 次関数を考える。定義域に注意。
- **5** 最大値は 2 つの場合，最小値は 3 つの場合に分けて考える。

15 | 2次関数の決定

要点整理

❶ 2次関数のグラフの式

> **3点を通るとき**……$y=ax^2+bx+c$ とおく。

> **頂点が $(p,\ q)$ であるとき**……$y=a(x-p)^2+q$ とおく。

> **x 軸との交点が $x=\alpha,\ \beta$ であるとき**……$y=a(x-\alpha)(x-\beta)$ とおく。

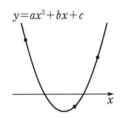
$y=ax^2+bx+c$

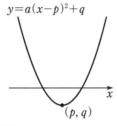
$y=a(x-p)^2+q$
$(p,\ q)$

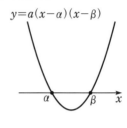
$y=a(x-\alpha)(x-\beta)$

❷ 頂点が直線 $y=mx+n$ 上にあるとき

頂点の座標を $(p,\ q)$ とすると，$q=mp+n$ が成り立つ。

1 グラフが次の条件を満たす2次関数の式を求めよ。

(1) 3点 $(-2,\ 12),\ (1,\ 0),\ (3,\ 22)$ を通る。

(2) 点 $(2,\ -3)$ を頂点とし，点 $(1,\ -6)$ を通る。

(3) x 軸と2点 $(-1,\ 0),\ (3,\ 0)$ で交わり，点 $(5,\ 6)$ を通る。

☆ **2** 次の条件を満たす放物線の方程式を求めよ。

(1) 放物線 $y=2x^2$ を平行移動したもので，2 点 $(-2, 13)$, $(1, 4)$ を通る放物線。

(2) 放物線 $y=-x^2+4x+7$ を平行移動したもので，軸が直線 $x=1$ で，点 $(4, -5)$ を通る。

☆ **3** 2 次関数 $y=ax^2+bx+12$ のグラフがある。この関数のグラフの軸は直線 $x=-2$ である。次の問いに答えよ。

(1) この関数のグラフが点 $(2, 0)$ を通るとき，頂点の y 座標を求めよ。

(2) この関数のグラフを y 軸方向に -4 だけ平行移動したグラフが x 軸と接するとき，a, b の値を求めよ。

4 a, b を定数とする。2 次関数 $y=x^2-2(a+2)x+b$ のグラフの頂点は，a, b が変化するとき，直線 $y=-2x$ 上を動くという。このとき，b を a で表せ。 [中央大]

---

advice

2 (1)$y=2x^2+bx+c$ (2)$y=-(x-1)^2+q$ とおくことができる。
3 (2)「x 軸と接する」＝「頂点の y 座標が 0 である」といえる。
4 2 次関数の式を平方完成して，グラフの頂点の座標を a, b で表す。

16 ｜ 2次方程式

🖐 要点整理

❶ **2次方程式の解き方**

> **因数分解の利用**……$AB=0$ のとき，$A=0$ または $B=0$

> **解の公式の利用**

$ax^2+bx+c=0\ (a \neq 0)$ の解は　$x=\dfrac{-b \pm \sqrt{b^2-4ac}}{2a}$

※ b が偶数のとき，$ax^2+2b'x+c=0$ の解は　$x=\dfrac{-b' \pm \sqrt{b'^2-ac}}{a}$

❷ **2次方程式の解の判別**

2次方程式 $ax^2+bx+c=0$ において，$\boldsymbol{D=b^2-4ac}$ **(判別式)** とすると，

$$\begin{cases} D>0 \text{ のとき……異なる2つの実数解をもつ。} \\ D=0 \text{ のとき……1つの実数解(重解)をもつ。} \\ D<0 \text{ のとき……実数解をもたない。} \end{cases}$$

1 因数分解を利用して，次の2次方程式を解け。

(1) $x^2+2x=0$　　　　　　　(2) $x^2-4x-21=0$　　　　　　(3) $2x^2-9x-5=0$

(4) $x^2-(a+1)x+a=0$　　　　　　(5) $ax^2+(a^2-2)x-2a=0\ (a \neq 0)$

2 解の公式を利用して，次の2次方程式を解け。

(1) $x^2+3x+1=0$　　　　　　(2) $2x^2-6x-5=0$　　　　　　(3) $3x^2+4x+1=0$

3 次の 2 次方程式の異なる実数解の個数を求めよ。

(1) $3x^2 - 5x + 1 = 0$ (2) $4x^2 + 12x + 9 = 0$ (3) $x^2 - x + 3 = 0$

☆ **4** x についての 2 次方程式 $x^2 - (m+1)x + m^2 + 2m - 6 = 0$ の 1 つの解が $x = 2$ であるとき、定数 m の値を求めよ。また、そのときの他の解を求めよ。

☆ **5** 2 次方程式 $x^2 - (2k+1)x + 16 = 0$ が重解をもつとき、定数 k の値を求めよ。また、そのときの重解を求めよ。

6 次の 2 次方程式を解け。

(1) $3x^2 - (3\sqrt{2} + 2)x + 3\sqrt{2} - 1 = 0$ (2) $(x+3)|x-4| + 2x + 6 = 0$

［玉川大］

［立教大］

---

advice

4 解がわかっているとき、解を方程式に代入した等式が成り立つ。

5 判別式 $D = 0$ となる k の値は 2 つある。それぞれの k について、重解を求める。

6 (2)$x \geqq 4$, $x < 4$ の 2 つの場合に分けて解く。

17 │ 2次不等式

要点整理

2次不等式の解き方

> 2次方程式 $ax^2+bx+c=0$ が2つの実数解 $x=\alpha$, $x=\beta$ をもつとき，

$a>0$, $\alpha<\beta$ ならば，

$ax^2+bx+c>0$ の解は，$x<\alpha$, $x>\beta$

$ax^2+bx+c<0$ の解は，$\alpha<x<\beta$

※ ≧ や ≦ のときも同様

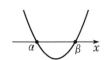

> 2次方程式 $ax^2+bx+c=0$ が重解 $x=\alpha$ をもつとき，$a>0$ ならば，

$ax^2+bx+c>0$ の解は，α 以外のすべての実数

$ax^2+bx+c\geqq0$ の解は，すべての実数

$ax^2+bx+c<0$ の解は，なし

$ax^2+bx+c\leqq0$ の解は，$x=\alpha$

> 2次方程式 $ax^2+bx+c=0$ が実数解をもたないとき，$a>0$ ならば，

$ax^2+bx+c>0$ の解は，すべての実数

$ax^2+bx+c<0$ の解は，なし

※ ≧ や ≦ のときも同様

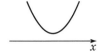

1 次の2次不等式を解け。

(1) $x^2-2x-3>0$

(2) $x^2-9\leqq0$

(3) $-2x^2-8x+2>0$

☆ **2** 次の2次不等式を解け。

(1) $x^2+6x+9\geqq0$

(2) $-x^2+x-5>0$

(3) $4x^2+4x+1\leqq0$

☆ **3** 次の連立不等式を解け。

(1) $\begin{cases} 5x+2 \geqq 3x-2 \\ x^2-2x-2>0 \end{cases}$ (2) $\begin{cases} x^2-4x+1>0 \\ -x^2-3x+4 \geqq 0 \end{cases}$

4 2次不等式 $ax^2+bx+1>0$ の解が $-3<x<5$ であるとき，a，b の値を求めよ。

5 2次不等式 $x^2-(a+3)x+3a<0$ （ただし，$a \neq 3$）を満たす整数 x がただ1個だけ存在するように，定数 a の値の範囲を定めよ。

6 不等式 $(x-1)(|4x-3|-7)>0$ を解け。   [関西学院大]

---

advice
- **4** 解が $-3<x<5$ となる不等式の1つは $(x+3)(x-5)<0$ である。
- **5** $x^2-(a+3)x+3a<0$ の解は $a<x<3$ または $3<x<a$ である。数直線上で考える。
- **6** $x \geqq \dfrac{3}{4}$，$x<\dfrac{3}{4}$ の2つの場合に分けて解く。

グラフと方程式・不等式 ①

月　　日

解答 ▶ 別冊p.17

要点整理

❶ 放物線 $y=ax^2+bx+c$ と x 軸の位置関係

2次方程式 $ax^2+bx+c=0$ の判別式を $D(=b^2-4ac)$ とすると，

$\begin{cases} D>0 \text{ のとき} \cdots\cdots 2\text{点で交わる。} \\ D=0 \text{ のとき} \cdots\cdots 1\text{点で接する。} \\ D<0 \text{ のとき} \cdots\cdots \text{共有点をもたない。} \end{cases}$

※$y=ax^2+2b'x+c$ の形のときは，D ではなく $\dfrac{D}{4}=b'^2-ac$ を計算してもよい。

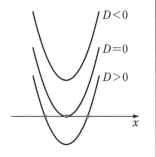

❷ 放物線と直線の位置関係

2つの方程式を連立させた2次方程式の判別式を D とすると，

$\begin{cases} D>0 \text{ のとき} \cdots\cdots 2\text{点で交わる。} \\ D=0 \text{ のとき} \cdots\cdots 1\text{点で接する。} \\ D<0 \text{ のとき} \cdots\cdots \text{共有点をもたない。} \end{cases}$

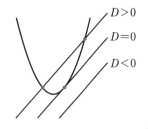

---

1 2次関数 $y=x^2-4ax+a+3$ のグラフについて，次の問いに答えよ。

(1) グラフが x 軸と異なる2点で交わるような a の値の範囲を求めよ。

(2) グラフが x 軸と接するような a の値を求めよ。

(3) グラフが x 軸と共有点をもたないような a の値の範囲を求めよ。

☆ **2** 放物線 $y=x^2+8x+3a+2$ が x 軸と接するとき，その接点の座標を求めよ。

3 関数 $y=(a-2)x^2+2ax+a-1$ のグラフが x 軸とただ 1 つの共有点をもつように，a の値を定めよ。

4 2 次関数 $y=2x^2-8x+5$ のグラフが x 軸と交わる点を P，Q とするとき，線分 PQ の長さを求めよ。

☆ **5** 2 次関数 $y=x^2+2x+2$ のグラフと直線 $y=3x+8$ の共有点の座標を求めよ。

6 2 次関数 $y=x^2-4ax+4a^2+a+4$ のグラフと $y=-2x+1$ のグラフが接するとき，定数 a の値を求めよ。

[山梨学院大]

---

advice
- **4** 2 次方程式 $2x^2-8x+5=0$ を解いて，2 つの解を求める。
- **5** 放物線と直線の方程式を連立させて解く。
- **6** 2 つの式から y を消去した 2 次方程式の (判別式)＝0

グラフと方程式・不等式 ②

月　　日

解答 ▶ 別冊p.18

要点整理

❶ すべての実数 x について成り立つ不等式

> すべての実数 x について $ax^2+bx+c>0$ $(a \neq 0)$ が成り立つ。

$\iff a>0$ かつ $D=b^2-4ac<0$

> すべての実数 x について $ax^2+bx+c<0$ $(a \neq 0)$ が成り立つ。

$\iff a<0$ かつ $D=b^2-4ac<0$

❷ 2次方程式の解の存在範囲

2次方程式の解と，与えられた定数の値の範囲との関係を調べる

問題では，

$\left. \begin{array}{l} \text{判別式} \\ \text{軸の位置} \\ \text{定義域の端点 } f(a) \text{ の値} \end{array} \right\}$ で条件を考える。

例 異なる 2 つの正の解

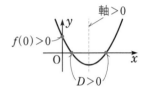

☆ **1** すべての実数 x に対して次の不等式が成り立つような a の値の範囲をそれぞれ求めよ。

(1) $x^2+ax+3>0$

(2) $ax^2+2ax-a+1>0$

2 定義域 $-1 \leqq x \leqq 2$ において不等式 $x^2-2ax+4>0$ が成り立つような a の値の範囲を求めよ。

☆ **3** 2次方程式 $x^2 - 2px - p + 2 = 0$ の実数解が次のそれぞれの場合，定数 p の値の範囲を求めよ。

　　(1) 2つの解がともに正であるとき。

　　(2) 正の解と負の解を1つずつもつとき。

4 2次方程式 $x^2 - 2kx + k + 2 = 0$ が $1 \leqq x \leqq 3$ の範囲に2つの異なる実数解をもつように，定数 k の値の範囲を定めよ。

5 a を実数とする。2次方程式 $x^2 + 5ax + 3a + 4 = 0$ が正の解 α と負の解 β をもつとき，a の値の範囲と $\alpha - \beta$ のとる値の範囲を求めよ。　　　　　　　　　　［大同大］

advice
1 (2)$a > 0$，$a = 0$，$a < 0$ のそれぞれの場合について考える必要がある。
2 定義域 $-1 \leqq x \leqq 2$ における最小値が0より大きければよい。
3・4・5 グラフをイメージして「判別式」「軸の位置」「定義域の端点での値」を考える。

20 ┃ 三角比

要点整理

❶ 三角比

右の図のような直角三角形において，どの2辺の長さの比も，

1つの鋭角 α の大きさによって決まる。

$$\sin\alpha = \frac{b}{c} \qquad \cos\alpha = \frac{a}{c} \qquad \tan\alpha = \frac{b}{a}$$

サイン（正弦）　　コサイン（余弦）　　タンジェント（正接）

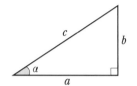

❷ 特別な角の三角比

	30°	45°	60°
$\sin\alpha$	$\dfrac{1}{2}$	$\dfrac{1}{\sqrt{2}}$	$\dfrac{\sqrt{3}}{2}$
$\cos\alpha$	$\dfrac{\sqrt{3}}{2}$	$\dfrac{1}{\sqrt{2}}$	$\dfrac{1}{2}$
$\tan\alpha$	$\dfrac{1}{\sqrt{3}}$	1	$\sqrt{3}$

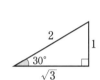 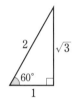

1 次のそれぞれの図において，$\sin\alpha$，$\cos\alpha$，$\tan\alpha$ の値を求めよ。

(1)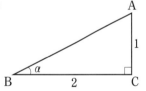

(2)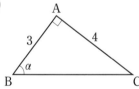

(3)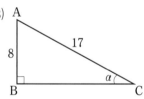

☆ **2** 次のそれぞれの直角三角形で，辺の長さ x，y の値を求めよ。

(1)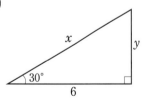

(2)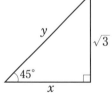

(3)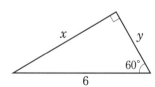

3 次の式の値を求めよ。

(1) $\cos 30° + \tan 60°$ 　　　　(2) $\sin^2 45°$ 　　　　(3) $2\sin 60° \cos 60°$

☆ **4** 木の根元から水平に 12 m 離れた地点に立って木の先端を見上げたときの仰角を測ったところ 38° であった。目の高さを 1.5 m，$\tan 38° = 0.7813$ として，木の高さを m 単位で小数第 1 位まで求めよ。

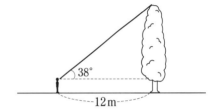

5 傾斜角が 12° のまっすぐな道路上の A 地点から自動車で 800 m 登ったところに B 地点がある。A 地点と B 地点の標高差と水平距離を求めよ。ただし，$\sin 12° = 0.208$，$\cos 12° = 0.978$ とする。

advice ---

3 $\sin^2 45°$ は $(\sin 45°)^2$，$2\sin 60° \cos 60°$ は $2 \times \sin 60° \times \cos 60°$ のことである。

4 目の高さを加えるのを忘れないように。

5 坂道の模式図をかくとよい。

21 | 三角比の相互関係

要点整理

❶ **$90°-\alpha$ の三角比**

> $\sin(90°-\alpha)=\cos\alpha$　　> $\cos(90°-\alpha)=\sin\alpha$　　> $\tan(90°-\alpha)=\dfrac{1}{\tan\alpha}$

❷ **三角比の相互関係**

> $\tan\alpha=\dfrac{\sin\alpha}{\cos\alpha}$　　> $\sin^2\alpha+\cos^2\alpha=1$　　> $1+\tan^2\alpha=\dfrac{1}{\cos^2\alpha}$

❸ **三角比の値の範囲**

$0°<\alpha<90°$ のとき，$0<\sin\alpha<1$，$0<\cos\alpha<1$，$\tan\alpha>0$

---

1 次の式の値を求めよ。

(1) $\sin70°-\cos20°$

(2) $\tan20°\tan70°$

(3) $\tan^2 20°-\dfrac{1}{\sin^2 70°}$

(4) $\sin25°\cos65°+\cos25°\sin65°$

(5) $\sin25°+\sin35°+\sin45°-\cos55°-\cos65°$

☆ **2** $0°<\alpha<90°$ として，次の問いに答えよ。

(1) $\sin\alpha=\dfrac{4}{5}$ のとき，$\cos\alpha$，$\tan\alpha$ の値を求めよ。

(2) $\cos\alpha=\dfrac{12}{13}$ のとき，$\sin\alpha$，$\tan\alpha$ の値を求めよ。

(3) $\tan\alpha=2$ のとき，$\sin\alpha$，$\cos\alpha$ の値を求めよ。

3 $(\cos 15° + \sin 15°)^2 + (\cos 15° - \sin 15°)^2$ の値を求めよ。 〔広島工業大〕

☆ **4** $\dfrac{1+\cos\theta}{\sin\theta} \times \dfrac{1-\cos\theta}{\sin\theta} = 1$ となることを示せ。

5 $0° < \alpha < 90°$ で，$\sin\alpha + 4\cos\alpha = 4$ のとき，$\sin\alpha$，$\cos\alpha$ の値を求めよ。

6 $\sin\theta + \cos\theta = \sqrt{2}$ のとき，$\sin\theta\cos\theta$，$\sin^3\theta + \cos^3\theta$ の値を求めよ。 〔芝浦工業大－改〕

advice
3 展開して，$\sin^2 15° + \cos^2 15° = 1$ を利用する。
5 $\sin\alpha = 4 - 4\cos\alpha$ を $\sin^2\alpha + \cos^2\alpha = 1$ に代入する。
6 まず，$\sin\theta + \cos\theta = \sqrt{2}$ の両辺を 2 乗して $\sin\theta\cos\theta$ の値を求める。

22 │ 三角比の拡張

要点整理

❶ $0° \leqq \theta \leqq 180°$ の三角比

原点を中心とする半径 1 の半円で考える。

半径 1 の半円周上に $\angle POA = \theta$ となる

点 P をとるとき，

　　$\cos\theta$ の値 = 点 P の x 座標

　　$\sin\theta$ の値 = 点 P の y 座標

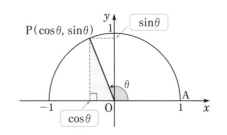

❷ $180° - \theta$ の三角比

> $\sin(180° - \theta) = \sin\theta$ 　　> $\cos(180° - \theta) = -\cos\theta$ 　　> $\tan(180° - \theta) = -\tan\theta$

☆ **1** 次の角の正弦，余弦の値を求めよ。

(1) $120°$

(2) $150°$

(3) $90°$

(4) $180°$

2 $\sin24° = 0.4067$, $\cos24° = 0.9135$, $\tan24° = 0.4452$ を用いて，次の三角比の値を求めよ。

(1) $\sin156°$

(2) $\cos156°$

(3) $\tan156°$

(4) $\sin114°$

(5) $\cos114°$

☆ **3** $0° \leqq \theta \leqq 180°$ とするとき，次の問いに答えよ。

(1) $\tan\theta = -2$ のとき，$\sin\theta$，$\cos\theta$ の値を求めよ。

(2) $\sin\theta = \dfrac{1}{3}$ のとき，$\cos\theta$，$\tan\theta$ の値を求めよ。

4 次の式の値を求めよ。

(1) $\sin130° + \cos140° + \tan160° + \tan20°$

(2) $\sin115° \sin65° - \cos65° \cos115°$

5 三角形の 3 つの角 A，B，C の間に，$\sin A \cos B = -\cos(A+C)$ が成り立つとき，この三角形はどのような三角形か。

---

advice

3 $0° \leqq \theta \leqq 180°$ では，$0 \leqq \sin\theta \leqq 1$，$-1 \leqq \cos\theta \leqq 1$ であることに注意。

4 (1) $\cos140° = \cos(180° - 40°) = -\cos40° = -\cos(90° - 50°) = -\sin50°$ である。

5 三角形の内角の和は $180°$ であるから，$A + C = 180° - B$ である。

23 | 三角比の応用 ①

🖐 要点整理

❶ 三角形の内角と三角比

三角形の 3 つの内角を A, B, C とすると，$A+B+C=180°$ であるから，

> $\sin(B+C)=\sin(180°-A)=\sin A$　　　$\cos(B+C)=\cos(180°-A)=-\cos A$

> $\sin(C+A)=\sin(180°-B)=\sin B$　　　$\cos(C+A)=\cos(180°-B)=-\cos B$

> $\sin(A+B)=\sin(180°-C)=\sin C$　　　$\cos(A+B)=\cos(180°-C)=-\cos C$

が成り立つ。

❷ 直線と x 軸のなす角

傾き m の直線が x 軸の正の向きとなす角を θ とすると，

$m=\tan\theta$

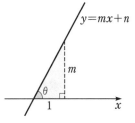

❸ 特別な角の三角比

$15°$，$75°$，$36°$，$72°$ の三角比は図形の性質を利用して求めることができる。

☆ **1** 三角形の 3 つの内角を A, B, C($A \neq 90°$)とするとき，次の等式が成り立つことを示せ。

(1) $\cos^2 A + \sin^2 A + \tan^2 A = \dfrac{1}{\cos^2(B+C)}$

(2) $\dfrac{1}{\cos A} + \dfrac{\cos(B+C)}{1-\sin A} = \tan(B+C)$

2 次の角 θ をそれぞれ求めよ。

(1) 直線 $\sqrt{3}\,x-y=0$ と x 軸の正の向きとのなす角 θ

(2) 直線 $\sqrt{3}\,x-y=0$ と直線 $x-y+2=0$ のなす鋭角 θ

(3) 直線 $x-\sqrt{3}\,y=0$ と直線 $x+y=3$ のなす鋭角 θ

☆ **3** 右の図を利用して $\sin 15°$ の値を求めよ。

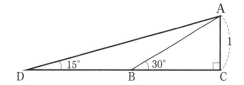

4 右の図を利用して $\cos 36°$ の値を求めよ。

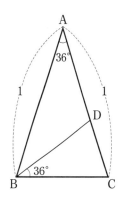

---

advice

2 (2)・(3)それぞれの直線が x 軸となす角の大きさをまず求める。

3 $\angle\mathrm{DAB}=\angle\mathrm{ABC}-\angle\mathrm{ADB}=30°-15°=15°$ よって，$\mathrm{BD}=\mathrm{BA}=2$

4 $\mathrm{AD}=\mathrm{BD}=\mathrm{BC}=x$ とおき，$\triangle\mathrm{ABC}\backsim\triangle\mathrm{BDC}$ より x を求める。

24 | 三角比の応用 ②

👆 要点整理

❶ 三角方程式

> $\sin\theta = a$，$\cos\theta = a$，$\tan\theta = a$ など

　→ θ の範囲に注意して求める。解が 1 つとは限らない。

> $\sin^2\theta$，$\cos^2\theta$ を含む方程式

　$\sin^2\theta + \cos^2\theta = 1$ などを利用して $\sin\theta$ だけ，$\cos\theta$ だけの 2 次方程式に。

❷ 三角不等式

> まず，方程式とみて，その解となる θ の値を求める。

> 単位円上で，不等式にあてはまる値の範囲を考える。

❸ 最大と最小

$\sin\theta = t$ のようにおき換えて，$f(t)$ の最大・最小を考える。

※おき換えたときは，おき換えた文字の範囲に注意。

1 次の等式を満たす角 θ の大きさを求めよ。ただし，$0° \leqq \theta \leqq 180°$ とする。

(1) $\sin\theta = \dfrac{1}{2}$　　　　　　(2) $\cos\theta = -\dfrac{\sqrt{3}}{2}$　　　　　　(3) $\tan\theta = 1$

☆ **2** 次の不等式を満たす角 θ の範囲を求めよ。ただし，$0° \leqq \theta \leqq 180°$ とする。

(1) $\cos\theta > -\dfrac{1}{2}$　　　　　　(2) $\sin\theta < \dfrac{\sqrt{3}}{2}$　　　　　　(3) $\tan\theta \geqq \dfrac{1}{\sqrt{3}}$

☆ **3** 等式 $2\cos^2\theta + 3\sin\theta - 3 = 0$ を満たす角 θ の大きさをすべて求めよ。ただし，$0° \leqq \theta \leqq 180°$ とする。

4 $0° \leqq \theta \leqq 180°$ のとき，不等式 $3\sin\theta - 1 < 1 - 2\sin^2\theta$ を満たす θ の値の範囲を求めよ。

[山梨大 − 改]

5 $0° \leqq \theta \leqq 180°$ であるとき，$y = \sin^2\theta - \cos\theta - 1$ の最大値と最小値を求めよ。

[広島修道大]

advice
2 単位円をかいて範囲を考える。含む・含まないに注意。
3 $\cos^2\theta = 1 - \sin^2\theta$ を利用して，$\sin\theta$ の 2 次方程式を作る。
5 $\cos\theta = t$ とおくと，y は t の 2 次関数。$-1 \leqq t \leqq 1$ の範囲で最大・最小を考える。

25 | 正弦定理と余弦定理

🖐 要点整理

❶ **正弦定理**

△ABC の外接円の半径を R とすると，

$$\frac{a}{\sin A} = \frac{b}{\sin B} = \frac{c}{\sin C} = 2R$$

が成り立つ。

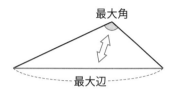

❷ **余弦定理**

> $a^2 = b^2 + c^2 - 2bc\cos A$　$b^2 = c^2 + a^2 - 2ca\cos B$　$c^2 = a^2 + b^2 - 2ab\cos C$

> $\cos A = \dfrac{b^2 + c^2 - a^2}{2bc}$　$\cos B = \dfrac{c^2 + a^2 - b^2}{2ca}$　$\cos C = \dfrac{a^2 + b^2 - c^2}{2ab}$

❸ **三角形の辺と角の関係**

正弦定理より，$a : b : c = \sin A : \sin B : \sin C$

また，三角形の最大角は最大辺の対角である。

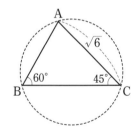

最大角

最大辺

---

1 △ABC において，$B = 60°$，$C = 45°$，$b = \sqrt{6}$ である。
次の問いに答えよ。

(1) c を求めよ。

(2) 外接円の半径 R を求めよ。

2 次の問いに答えよ。

(1) △ABC において，$b = 3$，$c = 5$，$A = 120°$ のとき，a を求めよ。

(2) △ABC において，$a = 7$，$b = 8$，$c = 3$ のとき，A を求めよ。

☆ **3** △ABC において，$\sin A : \sin B : \sin C = 4 : 5 : 6$ とする。この三角形の最も大きい角を θ とするとき，$\cos\theta$ の値を求めよ。

☆ **4** 右の図のような △ABC において，x，および θ を求めよ。

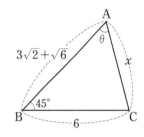

5 △ABC において $\angle A$，$\angle B$，$\angle C$ の大きさをそれぞれ A，B，C とし，辺 BC，辺 CA，辺 AB の長さをそれぞれ 2，3，4 とする。$\dfrac{\sqrt{15}}{\tan A}$ の値を求めよ。　　　　　　　[自治医科大]

6 △ABC において，$AB = 3$，$BC = 2$，$\cos B = \dfrac{5}{6}$ であるとき，辺 CA の長さ，および $\cos A$，$\cos C$ の値をそれぞれ求めよ。　　　　　　　[北海学園大]

advice
3 $a : b : c = \sin A : \sin B : \sin C = 4 : 5 : 6$ より，$a = 4k$，$b = 5k$，$c = 6k$ $(k > 0)$ とおく。
4 θ を求めるときは，余弦定理より正弦定理のほうが求めやすい。
5 余弦定理を用いて $\cos A$ の値をまず求める。

26 | 平面図形への応用 ①

解答 ▶ 別冊p.25

月　　日

要点整理

❶ 三角形の面積

> 2辺 a, b とその間の角 θ がわかっているとき，

$$\triangle\text{ABC の面積}=\frac{1}{2}ab\sin\theta$$

> 3辺 a, b, c の長さがわかっているとき，（ヘロンの公式）

$$\triangle\text{ABC の面積}=\sqrt{s(s-a)(s-b)(s-c)} \quad \text{ただし，} s=\frac{a+b+c}{2}$$

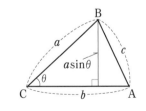

❷ 三角形の内接円の半径

$\triangle\text{ABC}$ の面積を S，$\triangle\text{ABC}$ の内接円の半径を r とするとき，

$$S=\triangle\text{IBC}+\triangle\text{ICA}+\triangle\text{IAB}=\frac{1}{2}ar+\frac{1}{2}br+\frac{1}{2}cr \quad \text{より，}$$

$$S=\frac{1}{2}r(a+b+c)$$

$$r=\frac{2S}{a+b+c}$$

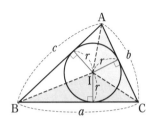

---

1 $\triangle\text{ABC}$ において，$a=2$, $b=3$, $c=4$ のとき，次の値を求めよ。

(1) $\cos A$

(2) $\sin A$

(3) $\triangle\text{ABC}$ の面積 S

(4) 内接円の半径 r

(5) 外接円の半径 R

☆ **2** 右の図の $\triangle\text{ABC}$ で，$\text{AB}=5$, $\text{BC}=7$, $\text{CA}=3$, AD は
$\angle\text{BAC}$ の二等分線である。次の問いに答えよ。

(1) $\angle\text{BAC}$ は何度か。

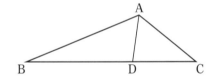

(2) △ABC の面積 S を求めよ。

(3) △ABD＋△ACD＝△ABC を利用して，AD の長さを求めよ。

☆ **3** △ABC において，∠A＝60°，AB＝6，AC＝7 のとき，次の問いに答えよ。
　(1) △ABC の面積 S を求めよ。

　(2) 辺 BC の長さを求めよ。

　(3) △ABC の外接円の半径 R を求めよ。

advice
1 (4)内接円の半径は，△ABC の面積を利用して求める。
2 (3)(1)より，∠BAD と ∠CAD の角度がわかるので，AD＝x として，x についての方程式をつくる。
3 正弦定理，余弦定理を的確に用いる。

27 | 平面図形への応用 ②

🖱 要点整理

円に内接する四角形

円に内接する四角形は，対角線によって2つの三角形に
分けて考える。

> 向かいあう内角の和は $180°$

> 対角線の長さ…2方向から余弦定理の活用

> 面積…2つの三角形の面積の和

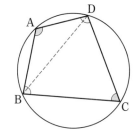

$$\angle A + \angle C = \angle B + \angle D = 180°$$

$$BD^2 = AB^2 + AD^2 - 2AB \cdot AD\cos A$$
$$= CB^2 + CD^2 - 2CB \cdot CD\cos C$$

☆ **1** 円に内接する四角形 ABCD において，AB＝1，BC＝2，CD＝3，
∠ABC＝120° であるとき，次の値を求めよ。ただし，BC＞AD と
する。

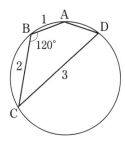

(1) ∠ADC の大きさ

(2) AC の長さ

(3) AD の長さ

(4) 四角形 ABCD の面積

(5) BD の長さ

☆ **2** 円に内接する四角形 ABCD において，BC = 7，CD = DA = 5，∠BCD = 60° であるとき，次の値を求めよ。

(1) BD の長さ (2) AB の長さ

(3) 四角形 ABCD の面積 (4) AC の長さ

3 四角形 ABCD において，AB = 5，BC = $3\sqrt{2}$，∠ABC = 45°，∠DAB = ∠BCD = 90° であるとき，次の値を求めよ。 ［立命館大］

(1) 対角線 AC の長さ

(2) 対角線 BD の長さ

---

advice
1 (5)余弦定理を用いて，BD^2 を 2 通りの式で表す。$\cos(180° - \theta) = -\cos\theta$ を利用する。
2 ある程度正確な図をかいて考えることが大切である。
3 四角形 ABCD は円に内接する。BD は円の直径になっていることに注意。

28 空間図形への応用

月　日
解答 ▶ 別冊p.26

要点整理

❶ 正四面体

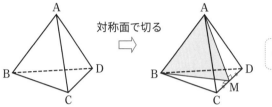

対称面で切る ⇨

$$体積=\frac{1}{3}\times\triangle ABM\times CD$$

❷ 体積の利用

> 点Pと3点A，B，Cを含む平面との距離

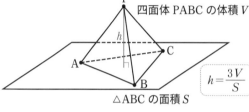

四面体PABCの体積V

△ABCの面積S

$$h=\frac{3V}{S}$$

> 四面体の内接球の半径

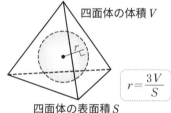

四面体の体積V

四面体の表面積S

$$r=\frac{3V}{S}$$

☆ **1** 右の図のように，一辺の長さが4の正四面体OABCにおいて，辺ABの中点をMとし，∠OMC＝α とおく。次の問いに答えよ。

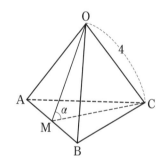

(1) OM，CMの長さを求めよ。

(2) $\cos\alpha$ の値を求めよ。

(3) △OMCの面積を求めよ。

(4) 正四面体OABCの体積を求めよ。

☆ **2** 右の図の立体 ABCD-EFGH は直方体で，AB＝3，BC＝4，
CG＝2 とする。次の問いに答えよ。

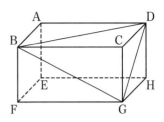

(1) BD，BG，GD の長さを求めよ。

(2) △BGD の面積を求めよ。

(3) 頂点 C から △BGD に下ろした垂線を CP とするとき，CP の長さを求めよ。

3 一辺の長さが 1 の正四面体 ABCD がある。次の問いに答えよ。 [埼玉工業大 – 改]

(1) 辺 BC の中点を M とし，∠ADM＝θ としたとき，$\cos\theta$ の値を求めよ。

(2) 頂点 A から MD へ下ろした垂線を AH とするとき，AH の長さを求めよ。

(3) 正四面体 ABCD の体積を求めよ。また，この正四面体に内接する球の半径を求めよ。

---

advice

1 (2)余弦定理を用いる。(3)$\sin\alpha＝\sqrt{1-\cos^2\alpha}$

2 (2)まず，余弦定理を用いて $\cos\angle DBG$ を計算し，$\sin\angle DBG$ の値を求める。

3 (3)内接する球の中心から 4 つの三角形に下ろした垂線の長さは，内接する球の半径に一致する。

29 ｜ データの散らばりの大きさ

要点整理

❶ 分散と標準偏差

データの数を n とし，それぞれの値を x_1，x_2，……，x_n，**平均値**を $\overline{x}$ とする。

> **分散**　$s^2 = \dfrac{1}{n}\{(x_1 - \overline{x})^2 + (x_2 - \overline{x})^2 + \cdots\cdots + (x_n - \overline{x})^2\}$

$\qquad\qquad = \dfrac{1}{n}(x_1{}^2 + x_2{}^2 + \cdots\cdots + x_n{}^2) - (\overline{x})^2$　（2 乗の平均 － 平均の 2 乗）

> **標準偏差**　$s = \sqrt{\text{分散}}$

❷ 外れ値

> データの中に，他の値から極端にかけ離れた値が含まれることがある。そのような値を**外れ値**という。

> 外れ値の基準は複数あるが，例えば，次のような値を外れ値とする。

$\qquad$ {（第 1 四分位数）$-$ 1.5 ×（四分位範囲）} 以下の値

$\qquad$ {（第 3 四分位数）$+$ 1.5 ×（四分位範囲）} 以上の値

☆ **1** 次のデータは 10 人の生徒のソフトボール投げの記録である。次の問いに答えよ。

> 26　32　25　23　30　32　21　34　28　29　（単位 m）

(1) 平均値 $\overline{x}$ を求め，次の表を埋めよ。

x	26	32	25	23	30	32	21	34	28	29
$x - \overline{x}$										
$(x - \overline{x})^2$										

(2) 分散 s^2 を求めよ。

(3) 標準偏差 s を求めよ。

2 あるクラスで 10 点満点の数学の試験をしたところ, 10 人の得点 x は次の通りだった。

    7, 4, 10, 1, 7, 3, 10, 6, 4, 8

他の教科の得点と合わせるために, 得点 x を $y = 5x$ の式で 50 点満点の得点 y に変換した。このとき, x と y の分散はそれぞれ ☐, ☐ である。☐ にあてはまる数をそれぞれ答えよ。

[立命館大 – 改]

3 生徒 15 人の 10 点満点で実施した漢字テストの点数について, 平均値が 6 点, 分散が 2 であった。その後, ほかの生徒 5 人に対して, 同じテストを追加で実施したところ, 次のような点数となった。

    5, 3, 9, 7, 6 (点)

この生徒 20 人のテストの点数の分散を求めよ。

[秋田大]

☆ **4** 次のデータは 14 人が受けた 50 点満点の数学のテストの得点である。次の問いに答えよ。なお, {(第 1 四分位数) − 1.5 × (四分位範囲)} 以下の値, {(第 3 四分位数) + 1.5 × (四分位範囲)} 以上の値を外れ値とする。

| 28 | 18 | 38 | 14 | 34 | 30 | 36 | 37 | 32 | 43 | 49 | 47 | 39 | 31 | (点) |

(1) 四分位範囲を求めよ。

(2) 外れ値を求めよ。

---

advice
- **1** (2)では(1)の表を利用して求める。
- **3** (分散)=(2 乗の平均)−(平均の 2 乗) を用いる。
- **4** (1)(四分位範囲)=(第 3 四分位数)−(第 1 四分位数)

データの相関と仮説検定の考え方

月　日

解答 ▶ 別冊p.29

🖐 要点整理

❶ 共分散と相関係数

> x と y の**共分散** s_{xy}

$$s_{xy} = \frac{1}{n}\{(x_1 - \overline{x})(y_1 - \overline{y}) + (x_2 - \overline{x})(y_2 - \overline{y}) + \cdots\cdots + (x_n - \overline{x})(y_n - \overline{y})\}$$

> **相関係数** r $(-1 \leqq r \leqq 1)$

$$r = \frac{x \text{ と } y \text{ の共分散}}{x \text{ の標準偏差} \times y \text{ の標準偏差}} = \frac{s_{xy}}{s_x s_y}$$

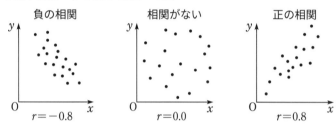

負の相関	相関がない	正の相関
$r = -0.8$	$r = 0.0$	$r = 0.8$

❷ 仮説検定

> ある主張が正しいかどうかを判断するために，仮説を立てて得られたデータをもとに，確率を用いて判断する方法を**仮説検定**という。

> 仮説検定の手順

①正しいかどうか判断したい主張に対し，その主張に反する仮説を立てる。

②立てた仮説のもとで，得られたデータがどの程度の確率で起こるかを求める。

③起こる確率が小さいことの基準となる数値は，問題文に定められている。仮説が正しいかどうかをもとに，主張が正しいかどうか判断する。

---

1 2つの変量 x, y について，標準偏差，共分散と相関係数が表のように与えられている。共分散の値 a を求めよ。　　　[長崎県立大 − 改]

	x	y
標準偏差	$\sqrt{2}$	$2\sqrt{2}$
共分散	a	
相関係数	0.2	

☆ **2** A～Eの5名がゲームXとゲームYで競い合ったところ，右の表のような結果(スコア，平均値，分散)となった。ゲームXとゲームYのスコアの相関係数は□□□である。□□□にあてはまる数を答えよ。

[武蔵大 – 改]

	ゲームX	ゲームY
Aさん	250	180
Bさん	110	220
Cさん	170	100
Dさん	130	140
Eさん	170	160
平均値	166	160
分散	2304	1600

☆ **3** ある文具メーカーが発売しているボールペンを改良し，無作為に抽出した25人にアンケートを実施したところ，18人が「従来の製品と比べて品質が向上した」と回答した。この結果から，ボールペンの品質が向上したと判断してよいか。仮説検定の考え方を用い，基準となる確率を0.05として考察せよ。ただし，公正なコイン25枚を同時に投げ，コインの表が出た枚数を記録する実験を200回行ったところ，下の表のようになったとし，この結果を用いよ。

表の枚数	5	6	7	8	9	10	11	12	13	14	15	16	17	18	19	20	計
度数	1	2	5	8	14	20	24	29	28	21	17	13	9	5	3	1	200

advice

1 相関係数を求める公式 $r = \dfrac{x と y の共分散}{x の標準偏差 \times y の標準偏差}$ から共分散を求める。

3 主張に対する仮説は，「品質が向上した」と回答する場合と「品質が向上していない」と回答する場合のどちらの確率も $\dfrac{1}{2} = 0.5$ で起こる，とすればよい。

編集協力　エディット
装丁デザイン　ブックデザイン研究所
本文デザイン　A.S.T DESIGN
　図　版　デザインスタジオエキス.

大学入試 ステップアップ 数学Ⅰ【基礎】

編 著 者	大学入試問題研究会	発 行 所	受験研究社
発 行 者	岡 本 泰 治		
印 刷 所	岩 岡 印 刷		©株式会社 増進堂・受験研究社

〒 550-0013 大阪市西区新町2丁目19番15号
注文・不良品などについて：(06)6532-1581(代表)／本の内容について：(06)6532-1586(編集)

大学入試 ステップ アップ
STEP UP ↗

Basic
基礎

数学 I

解答・解説

解答・解説

第1章　数と式

01 多項式とその加減　(pp.4〜5)

1　(1) 6 次式，x については 2 次式
(2) 5 次式，y については 3 次式
(3) 3 次式，x については 2 次式

解説

例えば x についての次数を考えるときは，x 以外の文字はすべて数とみなす。

2　(1) 3 次式
(2) 1 次式
(3) $x^3 + (2y+1)x^2 - 2(3y-1)x - y + 3$
(4) $(2x^2 - 6x - 1)y + x^3 + x^2 + 2x + 3$
(5) $2y + 1$
(6) $2x^2 - 6x - 1$

3　(1) $A + B = 2x^2 + 6x + 4$
$A - B = 4x^2 - 10x + 6$
(2) $A + B = 3x^3 - 2x^2 - 3x + 2$
$A - B = x^3 + 4x^2 + 3x$

解説

$(2) A + B = (2x^3 + x^2 + 1) + (x^3 - 3x^2 - 3x + 1)$
$= 2x^3 + x^2 + 1 + x^3 - 3x^2 - 3x + 1$
$= 3x^3 - 2x^2 - 3x + 2$
$A - B = (2x^3 + x^2 + 1) - (x^3 - 3x^2 - 3x + 1)$
$= 2x^3 + x^2 + 1 - x^3 + 3x^2 + 3x - 1$
$= x^3 + 4x^2 + 3x$

4　(1) $-22x^2 - 19x - 7$　(2) $-25x^2 - 12x - 44$

解説

まず，A，B，C についての式を簡単にする。
$(1) 2(A + 3B - C) - 3(2A + B + C)$
$= 2A + 6B - 2C - 6A - 3B - 3C$
$= -4A + 3B - 5C$
$(2) A - \{2B - 3(A - 3C) + 2(A - B)\}$
$= A - (2B - 3A + 9C + 2A - 2B)$
$= A - (-A + 9C) = 2A - 9C$

5　$3x^3 - 2x^2y + 4xy^2$

解説

$x^3 - 4x^2y + 4xy^2 - 2y^3 = C$ とおくと，
$A - B = C$ より，$B = A - C$
よって，
$A + B = A + (A - C) = 2A - C$
$= 2(2x^3 - 3x^2y + 4xy^2 - y^3) - (x^3 - 4x^2y + 4xy^2 - 2y^3)$
$= 3x^3 - 2x^2y + 4xy^2$

02 多項式の乗法　(pp.6〜7)

1　(1) $3x^7$　(2) $16x^4y^6$　(3) $-24a^6b^8$
(4) $8a^4b - 3a^3b^2 + 12a^2b^3$　(5) $\dfrac{1}{2}ab$

解説

$(5)(-3ab)^2 \times \dfrac{1}{3}a^2b^3 \div 6a^3b^4$
$= 9a^2b^2 \times \dfrac{1}{3}a^2b^3 \times \dfrac{1}{6a^3b^4} = \dfrac{9a^4b^5}{18a^3b^4} = \dfrac{1}{2}ab$

Point

指数法則
m，n を正の整数とするとき
$a^m \times a^n = a^{m+n}$　$(a^m)^n = a^{mn}$

2　(1) $4x^2 - 12x + 9$　(2) $x^2 - 4y^2$
(3) $12x^2 - 11x + 2$
(4) $a^2 + 4b^2 + 9c^2 - 4ab - 12bc + 6ca$
(5) $x^4 - 2x^3 + 3x^2 - 2x + 1$

解説

(4)・(5)では，公式
$(a + b + c)^2 = a^2 + b^2 + c^2 + 2ab + 2bc + 2ca$
を覚えていれば便利である。

3　(1) $x^6 - 3x^4 + 3x^2 - 1$
(2) $x^4 + 16x^3 + 86x^2 + 176x + 105$
(3) $a^3 + b^3 + c^3 - 3abc$

解説

$(1)(x+1)^3(x-1)^3 = \{(x+1)(x-1)\}^3$
$= (x^2 - 1)^3 = x^6 - 3x^4 + 3x^2 - 1$

(2)$(x+1)(x+7)=x^2+8x+7,$

$(x+3)(x+5)=x^2+8x+15$

であるから，$x^2+8x=X$ とおくと，

(与式)$=(X+7)(X+15)=X^2+22X+105$

$=(x^2+8x)^2+22(x^2+8x)+105$

$=x^4+16x^3+86x^2+176x+105$

(3)$(a+b+c)(a^2+b^2+c^2-ab-bc-ca)$

$=a^3+ab^2+c^2a-a^2b-abc-ca^2$

$\quad +a^2b+b^3+bc^2-ab^2-b^2c-abc$

$\quad +ca^2+b^2c+c^3-abc-bc^2-c^2a$

$=a^3+b^3+c^3-3abc$

Point

$a^3+b^3+c^3-3abc$

$=(a+b+c)(a^2+b^2+c^2-ab-bc-ca)$

は覚えておくと役に立つ。

4 (1) $x^4+y^4+z^4-2x^2y^2-2y^2z^2-2z^2x^2$

(2) $8xz$

解説

(1)$(x+y+z)(x+y-z)=(x+y)^2-z^2$

$(x-y+z)(x-y-z)=(x-y)^2-z^2$ より，

(与式)$=\{(x+y)^2-z^2\}\{(x-y)^2-z^2\}$

$=\{(x+y)(x-y)\}^2-z^2\{(x+y)^2+(x-y)^2\}+z^4$

$=x^4-2x^2y^2+y^4-z^2(2x^2+2y^2)+z^4$

$=x^4+y^4+z^4-2x^2y^2-2y^2z^2-2z^2x^2$

(2)$(x+y+z)^2-(x+y-z)^2=4xz+4yz$

$(x-y+z)^2-(-x+y+z)^2=4xz-4yz$ より，

(与式)$=4xz+4yz+4xz-4yz=8xz$

5 3

解説

展開したときに x^4 の項ができる組み合わせは，

$x^4\cdot6=6x^4,\ 3x^3\cdot(-2x)=-6x^4,$

$(-4x^2)\cdot(-x^2)=4x^4,\ (-x)\cdot x^3=-x^4$ だから，

係数は $6+(-6)+4+(-1)=3$

03 因数分解 (pp.8〜9)

1 (1)$(x+3)^2$ (2)$(2x+y)(2x-y)$

(3)$(x-6)(x-12)$ (4)$(2x-y)^2$

(5)$(x+2)(x^2-2x+4)$

(6)$(a-4b)(a^2+4ab+16b^2)$

解説

(5)$x^3+8=x^3+2^3=(x+2)(x^2-2x+2^2)$

(6)$a^3-64b^3=a^3-(4b)^3=(a-4b)\{a^2+a\cdot4b+(4b)^2\}$

Point

3次式の因数分解の公式では，符号に注意。

$a^3+b^3=(a+b)(a^2-ab+b^2)$

$a^3-b^3=(a-b)(a^2+ab+b^2)$

2 (1)$(x+3)(3x+1)$ (2)$(2a+1)(2a+3)$

(3)$(x+2)(3x-1)$ (4)$(3x+1)(4x-3)$

(5)$(2x-y)(3x+4y)$

(6)$(2x+y)(6x-5y)$

解説

たすき掛けを利用する。

(1)
1	3	9
3	1	1
3	3	10

(2)
2	1	2
2	3	6
4	3	8

(3)
1	2	6
3	-1	-1
3	-2	5

(4)
3	1	4
4	-3	-9
12	-3	-5

(5)
2	-y	-3y
3	4y	8y
6	-4y^2	5y

(6)
2	y	6y
6	-5y	-10y
12	-5y^2	-4y

3 (1)$(x+y-3)(x-y+3)$

(2)$(2x-1)(x+3y+1)$

(3)$(a+b)(a-b)(x+y)(x-y)$

(4)$(x+1)(x-2)(x+2)(x-3)$

解説

(1)$x^2-y^2+6y-9=x^2-(y^2-6y+9)$

$=x^2-(y-3)^2=\{x+(y-3)\}\{x-(y-3)\}$

$=(x+y-3)(x-y+3)$

(2)次数の低い y について整理すると，

$2x^2+6xy+x-3y-1=3y(2x-1)+2x^2+x-1$

$=3y(2x-1)+(2x-1)(x+1)$

$=(2x-1)(x+3y+1)$

(3)$(ax+by)^2-(ay+bx)^2$

$=a^2x^2+2abxy+b^2y^2-a^2y^2-2abxy-b^2x^2$

$=a^2(x^2-y^2)-b^2(x^2-y^2)=(a^2-b^2)(x^2-y^2)$

$=(a+b)(a-b)(x+y)(x-y)$

別解

$(ax+by)^2-(ay+bx)^2$

2

$$= (ax+by+ay+bx)(ax+by-ay-bx)$$
$$= \{a(x+y)+b(x+y)\}\{a(x-y)-b(x-y)\}$$
$$= (a+b)(x+y)(a-b)(x-y)$$
$(4)\,(x^2-x)^2-8(x^2-x)+12=(x^2-x-2)(x^2-x-6)$
$$= (x+1)(x-2)(x+2)(x-3)$$

4 (1) $4y-3$ (2) $y-2$
(3) $3y-1$ (4) $x-y+2$
(5) $x-3y+1$
※(2)と(3)，(4)と(5)はそれぞれ順不同

解説

2文字の2次式を因数分解するときは，どちらかの文字について整理して「たすき掛け」を行う。

$$\begin{array}{ccc} 1 & \diagdown & -(y-2) \longrightarrow -y+2 \\ 1 & \diagup & -(3y-1) \longrightarrow -3y+1 \\ \hline 1 & (y-2)(3y-1) & -4y+3 \end{array}$$

Point

x, y についての2次式の因数分解
→どちらかの文字について整理する。

5 (1) $(x+y+7)(x+y-8)$
(2) $(x-2y+z)(x-2y-z)$

解説

$(1)\,x^2+2xy+y^2-x-y-56$
$$= (x+y)^2-(x+y)-56=(x+y+7)(x+y-8)$$
$(2)\,x^2+4y^2-z^2-4xy=(x^2-4xy+4y^2)-z^2$
$$= (x-2y)^2-z^2=(x-2y+z)(x-2y-z)$$

04 実 数 (pp.10〜11)

1 (1) $0.\dot{1}$ (2) $0.\dot{2}\dot{4}$ (3) $0.\dot{4}2857\dot{1}$

解説

$(1)\,1\div 9=0.11\cdots\cdots=0.\dot{1}$
$(2)\,8\div 33=0.2424\cdots\cdots=0.\dot{2}\dot{4}$
$(3)\,3\div 7=0.4285714285714\cdots\cdots=0.\dot{4}2857\dot{1}$

2 (1) $\dfrac{4}{33}$ (2) $\dfrac{41}{333}$ (3) $\dfrac{61}{495}$

解説

$(1)\,x=0.121212\cdots\cdots$ とおくと，$100x=12.121212\cdots\cdots$
だから，$99x=12$ $x=\dfrac{12}{99}=\dfrac{4}{33}$

$(2)\,x=0.123123123\cdots\cdots$ とおくと，
$1000x=123.123123123\cdots\cdots$ だから，
$999x=123$ $x=\dfrac{123}{999}=\dfrac{41}{333}$

$(3)\,x=0.1232323\cdots\cdots$ とおくと，
$1000x=123.2323\cdots\cdots$，$10x=1.2323\cdots\cdots$ だから，
$990x=122$ $x=\dfrac{122}{990}=\dfrac{61}{495}$

3 (1) 5 (2) $\sqrt{3}-1$ (3) -1

解説

$(2)\,\sqrt{3}=1.732\cdots\cdots$ だから，$1-\sqrt{3}<0$
したがって，$|1-\sqrt{3}|=-(1-\sqrt{3})=\sqrt{3}-1$
$(3)\,|\sqrt{3}-1|-|2-\sqrt{5}|=|2|-|-\sqrt{3}|=2-\sqrt{3}=-1$
※$|\sqrt{3}-1|=\sqrt{3}+1$ などとしないように注意。

4 (1) 5 (2) 10 (3) $6-\sqrt{5}$

解説

$(1)\,|\sqrt{3}+1|+|\sqrt{6}-5|=|4|+|1|=4+1=5$
$(2)\,|-2+1|+|-4-5|=|-1|+|-9|=1+9=10$
$(3)\,2\sqrt{5}-5<0$ だから，
$|\sqrt{5}+1|+|2\sqrt{5}-5|=(\sqrt{5}+1)+(5-2\sqrt{5})$
$=6-\sqrt{5}$

Point

$|a-b|$ は，$a-b\geqq 0$ のとき，$a-b$
$a-b<0$ のとき，$b-a$

5 (1) ○
(2)(例) $x=\sqrt{2}$, $y=-\sqrt{2}$ のとき
(3)(例) $a=0$, $x=\sqrt{2}$ のとき
(4) ○

6 (1) 13 (2) 625

解説

$(2)\,[\sqrt{1}]$ から $[\sqrt{100}]$ までのうち，1になるものが3個，2になるものが5個，3になるものが7個，……，9になるものが19個，10になるものが1個あるので，
$1\cdot 3+2\cdot 5+3\cdot 7+4\cdot 9+5\cdot 11+6\cdot 13+7\cdot 15+8\cdot 17$
$\quad +9\cdot 19+10\cdot 1$
$=625$

05 根号を含む式の計算 ① (pp.12〜13)

1 (1) $-6\sqrt{3}$ (2) $\sqrt{5}+\sqrt{2}$ (3) 2
(4) $4+2\sqrt{3}$

解説

(1) $\sqrt{3}+\sqrt{27}-\sqrt{300}=\sqrt{3}+3\sqrt{3}-10\sqrt{3}$
$\quad =-6\sqrt{3}$

(3) $(2\sqrt{2}+\sqrt{6})(2\sqrt{2}-\sqrt{6})=(2\sqrt{2})^2-(\sqrt{6})^2=2$

(4) $(\sqrt{3}+1)^2=(\sqrt{3})^2+2\cdot\sqrt{3}\cdot1+1^2$
$\quad =4+2\sqrt{3}$

2 (1) $\sqrt{3}$ (2) $2+\sqrt{3}$ (3) $8-3\sqrt{7}$
(4) $\dfrac{\sqrt{2}-\sqrt{6}+2}{4}$

解説

(3) $\dfrac{3-\sqrt{7}}{3+\sqrt{7}}=\dfrac{(3-\sqrt{7})^2}{(3+\sqrt{7})(3-\sqrt{7})}=\dfrac{16-6\sqrt{7}}{2}$
$\quad =8-3\sqrt{7}$

(4) $\dfrac{1}{1+\sqrt{2}+\sqrt{3}}=\dfrac{1+\sqrt{2}-\sqrt{3}}{(1+\sqrt{2}+\sqrt{3})(1+\sqrt{2}-\sqrt{3})}$
$\quad =\dfrac{1+\sqrt{2}-\sqrt{3}}{(1+\sqrt{2})^2-(\sqrt{3})^2}=\dfrac{1+\sqrt{2}-\sqrt{3}}{2\sqrt{2}}$
$\quad =\dfrac{\sqrt{2}(1+\sqrt{2}-\sqrt{3})}{2\sqrt{2}\cdot\sqrt{2}}=\dfrac{\sqrt{2}-\sqrt{6}+2}{4}$

3 (1) $\sqrt{5}+1$ (2) $\sqrt{5}-\sqrt{2}$ (3) $3-\sqrt{2}$
(4) $\dfrac{\sqrt{10}+\sqrt{6}}{2}$

解説

(1) 和が 6, 積が 5 になる 2 数 (5 と 1) を見つけて,
$\quad \sqrt{6+2\sqrt{5}}=\sqrt{5}+\sqrt{1}=\sqrt{5}+1$

(2) $\sqrt{7-\sqrt{40}}=\sqrt{7-2\sqrt{10}}$ だから, 和が 7, 積が 10 に
なる 2 数 (5 と 2) を見つけて,
$\quad \sqrt{7-2\sqrt{10}}=\sqrt{5}-\sqrt{2}$
※ $\sqrt{2}-\sqrt{5}$ としないように注意。

(3) $\sqrt{11-\sqrt{72}}=\sqrt{11-2\sqrt{18}}$ だから, 和が 11, 積が 18
になる 2 数 (9 と 2) を見つけて,
$\quad \sqrt{11-2\sqrt{18}}=\sqrt{9}-\sqrt{2}=3-\sqrt{2}$

(4) $\sqrt{4+\sqrt{15}}=\sqrt{\dfrac{8+2\sqrt{15}}{2}}=\dfrac{\sqrt{8+2\sqrt{15}}}{\sqrt{2}}$
$\quad =\dfrac{\sqrt{5}+\sqrt{3}}{\sqrt{2}}=\dfrac{\sqrt{10}+\sqrt{6}}{2}$

4 (1) $2\sqrt{6}$ (2) $11-8\sqrt{3}$

解説

(1) $(\sqrt{5}+\sqrt{3}-\sqrt{2})(\sqrt{5}-\sqrt{3}+\sqrt{2})$
$\quad =\{\sqrt{5}+(\sqrt{3}-\sqrt{2})\}\{\sqrt{5}-(\sqrt{3}-\sqrt{2})\}$
$\quad =(\sqrt{5})^2-(\sqrt{3}-\sqrt{2})^2=5-(5-2\sqrt{6})=2\sqrt{6}$

(2) $\dfrac{5-\sqrt{3}}{2+\sqrt{3}}=\dfrac{(5-\sqrt{3})(2-\sqrt{3})}{(2+\sqrt{3})(2-\sqrt{3})}=13-7\sqrt{3}$

$\quad \dfrac{\sqrt{6}+\sqrt{2}}{\sqrt{6}-\sqrt{2}}=\dfrac{(\sqrt{6}+\sqrt{2})^2}{(\sqrt{6}-\sqrt{2})(\sqrt{6}+\sqrt{2})}=2+\sqrt{3}$

より, $13-7\sqrt{3}-(2+\sqrt{3})=11-8\sqrt{3}$

5 $a>0$ のとき 7, $a<0$ のとき -3

解説

$a>0$ のとき, $\sqrt{a^2}=|a|=a$ だから,

$\dfrac{a}{a}+\dfrac{2a}{a}+\dfrac{4a}{a}=1+2+4=7$

$a<0$ のとき, $\sqrt{a^2}=|a|=-a$ だから,

$\dfrac{-a}{a}+\dfrac{-2a}{-a}+\dfrac{4a}{-a}=-1+2+(-4)=-3$

06 根号を含む式の計算 ② (pp.14〜15)

1 (1) 14 (2) 1 (3) 194 (4) 2702

解説

分母を有理化すると, $x=7-4\sqrt{3}$, $y=7+4\sqrt{3}$

(1) $x+y=(7-4\sqrt{3})+(7+4\sqrt{3})=14$

(2) $xy=(7-4\sqrt{3})(7+4\sqrt{3})=49-48=1$

(3) $x^2+y^2=(x+y)^2-2xy=14^2-2\cdot1=194$

(4) $x^3+y^3=(x+y)^3-3xy(x+y)=14^3-3\cdot1\cdot14$
$\quad =2744-42=2702$

Point

x, y についての対称式
→基本対称式 $x+y$, xy を使った式に変形。

2 (1) -4 (2) $18+7\sqrt{3}$

解説

$x=2+\sqrt{3}$ のとき, $x-2=\sqrt{3}$ $(x-2)^2=3$
$x^2-4x+4=3$ $x^2-4x=-1$

(1) $x^2-4x-3=(-1)-3=-4$

(2) $x^3-4x^2+8x+4=x(x^2-4x)+8x+4$
$\quad =-x+8x+4=7x+4=18+7\sqrt{3}$

4

> **3** (1) 2 (2) 3

解説

(1) $2 < \sqrt{7} < 3$ より, $a = 2$

(2) $b = \sqrt{7} - 2$ だから, $\dfrac{a}{b} = \dfrac{2}{\sqrt{7} - 2}$

分母を有理化して,

$$\dfrac{2}{\sqrt{7} - 2} = \dfrac{2(\sqrt{7} + 2)}{(\sqrt{7} - 2)(\sqrt{7} + 2)} = \dfrac{2\sqrt{7} + 4}{3}$$

ここで, $2\sqrt{7} = \sqrt{28}$ より, $5 < \sqrt{28} < 6$ だから,

$$\dfrac{5 + 4}{3} < \dfrac{2\sqrt{7} + 4}{3} < \dfrac{6 + 4}{3}$$

すなわち, $3 < \dfrac{2\sqrt{7} + 4}{3} < 3.33\cdots$ だから,

整数部分は 3 である。

Point

（小数部分）＝（もとの数）－（整数部分）

> **4** (1) $a = 5$, $b = \sqrt{5} - 2$ (2) 27

解説

(1) $\dfrac{4}{3 - \sqrt{5}} = \dfrac{4(3 + \sqrt{5})}{(3 - \sqrt{5})(3 + \sqrt{5})} = 3 + \sqrt{5}$

$= 3 + 2.23\cdots = 5.23\cdots$ より,

$a = 5$

$b = 3 + \sqrt{5} - 5 = \sqrt{5} - 2$

(2) $a^2 + b^2 + 4b + 1 = a^2 + (b + 2)^2 - 3$

$= 5^2 + (\sqrt{5})^2 - 3 = 27$

> **5** (1) 135 (2) $-66\sqrt{6}$

解説

$a = 3 - \sqrt{6}$, $b = 3 + \sqrt{6}$ だから,

$a + b = 6$, $ab = 9 - 6 = 3$

また, $a - b = -2\sqrt{6}$

(1) $a^3 + b^3 - a^2 + ab - b^2$

$= (a + b)(a^2 - ab + b^2) - (a^2 - ab + b^2)$

$= (a + b - 1)(a^2 - ab + b^2)$

$= (a + b - 1)\{(a + b)^2 - 3ab\}$

$= (6 - 1) \cdot (6^2 - 3 \cdot 3) = 5 \cdot 27 = 135$

(2) $a^3 - b^3 = (a - b)^3 + 3ab(a - b)$

$= (-2\sqrt{6})^3 + 3 \cdot 3 \cdot (-2\sqrt{6})$

$= -48\sqrt{6} - 18\sqrt{6} = -66\sqrt{6}$

07 1次不等式

（pp.16〜17）

> **1** (1) $x > -2$ (2) $x < 0$ (3) $x \geqq -2$
> (4) $x < -9$ (5) $x \leqq -\dfrac{5}{7}$

解説

(3) 両辺を 10 倍して, $3 + 2(x - 5) \leqq 10x + 9$

$-8x \leqq 16$ $x \geqq -2$

(5) 両辺を 6 倍して, $4(7 - x) \geqq 36 - 3(1 - x)$

$-7x \geqq 5$ $x \leqq -\dfrac{5}{7}$

> **2** (1) $-4 < x \leqq 3$ (2) $x < -3$ (3) $-2 \leqq x \leqq \dfrac{2}{3}$

解説

(1) $3x - 7 \leqq 5 - x$ より, $4x \leqq 12$ $x \leqq 3$

$4x > x - 12$ より, $3x > -12$ $x > -4$

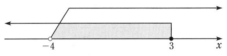

共通範囲を求めて, $-4 < x \leqq 3$

(2) $2(x - 3) > 5x + 3$ より, $2x - 6 > 5x + 3$ $-3x > 9$

$x < -3$

$4x + 1 < 2x + 3$ より, $2x < 2$ $x < 1$

共通範囲を求めて, $x < -3$

(3) $3x + 1 \leqq 4x + 3$ より, $-x \leqq 2$ $x \geqq -2$

$\dfrac{x + 8}{2} \geqq 2x + 3$ より, $x + 8 \geqq 4x + 6$ $x \leqq \dfrac{2}{3}$

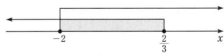

共通範囲を求めて, $-2 \leqq x \leqq \dfrac{2}{3}$

Point

不等式の解の共通範囲を求めるときは数直線を
かいて考える。

> **3** -2, -1, 0

解説

①より, $3x + 6 \leqq -2x + 11$ $5x \leqq 5$ $x \leqq 1$

②より, $x + 4 > 3x + 3$ $-2x > -1$ $x < \dfrac{1}{2}$

③より, $7x+7 \geqq 4x+1$　$3x \geqq -6$　$x \geqq -2$

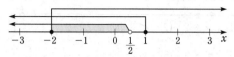

これらの共通範囲は, $-2 \leqq x < \dfrac{1}{2}$ であるから, 整数

x の値は -2, -1, 0

4　$x > -\dfrac{11}{5}$

解説

$x-8 \leqq 4x-1$ より, $-3x \leqq 7$　$x \geqq -\dfrac{7}{3}$

$4x-1 < 9x+10$ より, $-5x < 11$　$x > -\dfrac{11}{5}$

ここで, $-\dfrac{7}{3} = -2.33\cdots$, $-\dfrac{11}{5} = -2.2$ であるから,

共通範囲は, $x > -\dfrac{11}{5}$

5　(1) $a = \dfrac{3}{4}$　(2) $-1 \leqq a < -\dfrac{3}{4}$

解説

(1) $4x-a+1 > 3(x+a)$ より,

　$4x-a+1 > 3x+3a$　$x > 4a-1$

　解が $x > 2$ となるとき, $4a-1 = 2$　$a = \dfrac{3}{4}$

(2) $x > 4a-1$ に $x = -5$ は含まれないが $x = -4$ は

　含まれるときは, $-5 \leqq 4a-1 < -4$ である。

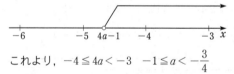

　これより, $-4 \leqq 4a < -3$　$-1 \leqq a < -\dfrac{3}{4}$

Point

不等号に $=$ をつけるかつけないかは, 具体的に
数値をあてはめて考えるとよい。

- $a = -1$ のとき
  解は $x > -5$ となり, -5 は含まれないが,
  -4 は含まれる。
- $a = -\dfrac{3}{4}$ のとき
  解は $x > -4$ となり, -5 も -4 も含まれない。

---

08 いろいろな方程式と不等式 (pp.18~19)

1　(1) $a \neq 2$ のとき, $x = \dfrac{1}{a-2}$

　　　　$a = 2$ のとき, 解なし

　　(2) $a > 2$ のとき, $x < \dfrac{1}{a-2}$

　　　　$a < 2$ のとき, $x > \dfrac{1}{a-2}$

　　　　$a = 2$ のとき, 解はすべての実数

解説

(1) $ax = 2x+1$ より, $(a-2)x = 1$

　$a \neq 2$ のとき, 両辺を $a-2 (\neq 0)$ で割って, $x = \dfrac{1}{a-2}$

　$a = 2$ のとき, 方程式は $2x = 2x+1$ となり, これ
　を満たす x は存在しない。

(2) $(a-2)x < 1$

　$a > 2$ のとき, 両辺を $a-2 (>0)$ で割って, $x < \dfrac{1}{a-2}$

　$a < 2$ のとき, $a-2 < 0$ なので不等号の向きに注
　意して, $x > \dfrac{1}{a-2}$

　$a = 2$ のとき, 不等式は $2x < 2x+1$ となり, これ
　はすべての実数 x について成り立つ。

Point

- 等式, 不等式の両辺を 0 で割ることはできない。
- 不等式は両辺を負の数で割ると不等号の向き
  が変わることに注意。

2　(1) $a \neq 1$ のとき, $x = \dfrac{b+3}{a-1}$

　　　　$a = 1$ のとき,
　　　　　$b = -3$ ならば, 解はすべての実数
　　　　　$b \neq -3$ ならば, 解なし

　　(2) $x > \dfrac{b}{a^2+1}$

解説

(1) $ax-b = x+3$ より, $(a-1)x = b+3$

　$a \neq 1$ のとき, 両辺を $a-1 (\neq 0)$ で割って,

　$x = \dfrac{b+3}{a-1}$

　$a = 1$ のとき, 方程式は $x-b = x+3$

　このときさらに $b = -3$ のときは $x = x$ だからす

べての実数 x について成り立ち，$b \neq -3$ のときは
どのような x についても成り立たない。

(2) $a^2x > -x + b$ より，$(a^2+1)x > b$

ここで，$a^2+1 > 0$ であるから，$x > \dfrac{b}{a^2+1}$

Point
両辺を文字式で割るときは，文字式が 0 でない
ことを確認すること。

3 (1) $x = 4, \ 1$ (2) $x = -1$

解説

(1) $|2x-5| = 3$ より，$2x-5 = \pm 3$

これより，$2x = 8$ または $2x = 2$ よって，$x = 4, \ 1$

(2) $x \geqq 3$ のとき，方程式は $x-3 = 2x+6$ $-x = 9$

$x = -9$（これは $x \geqq 3$ を満たさないので不適）

$x < 3$ のとき，方程式は $3-x = 2x+6$ $-3x = 3$

$x = -1$（これは $x < 3$ を満たす）

よって，方程式の解は，$x = -1$

4 (1) $-2 < x < 3$

(2) $-\dfrac{4}{3} < x < 6$

解説

(1) $|2x-1| < 5$ より，$-5 < 2x-1 < 5$

$-4 < 2x < 6$ $-2 < x < 3$

(2) $x \geqq \dfrac{1}{2}$ のとき，不等式は $2x-1 < x+5$ $x < 6$

$x \geqq \dfrac{1}{2}$ と合わせて，$\dfrac{1}{2} \leqq x < 6$ ……①

$x < \dfrac{1}{2}$ のとき，不等式は $1-2x < x+5$ $x > -\dfrac{4}{3}$

$x < \dfrac{1}{2}$ と合わせて，$-\dfrac{4}{3} < x < \dfrac{1}{2}$ ……②

①，②より，$-\dfrac{4}{3} < x < 6$

Point
絶対値を含む方程式・不等式
・k は正の定数のとき
 $|A| = k$ の解は，$A = \pm k$
 $|A| < k$ の解は，$-k < A < k$
 $|A| > k$ の解は，$A < -k, \ k < A$
・$A \geqq 0$ のとき，$|A| = A$
 $A < 0$ のとき，$|A| = -A$

5 (1) $x = 2, \ -3$

(2) $x > 4, \ x < -\dfrac{4}{3}$

解説

(1) $x \geqq 1$ のとき，方程式は $(x-1)+(x+2) = 5$

これを解いて，$x = 2$（$x \geqq 1$ を満たす）

$-2 \leqq x < 1$ のとき，方程式は $(1-x)+(x+2) = 5$

これより，$3 = 5$ となり，これは成り立たない。

$x < -2$ のとき，方程式は $(1-x)+(-x-2) = 5$

これを解いて，$x = -3$（$x < -2$ を満たす）

よって，方程式の解は，$x = 2, \ -3$

(2) $x \geqq 3$ のとき，不等式は $(x-3)+(2x-1) > 8$

これを解いて，$x > 4$

$x \geqq 3$ と合わせて，$x > 4$ ……①

$\dfrac{1}{2} \leqq x < 3$ のとき，不等式は $(3-x)+(2x-1) > 8$

これを解いて，$x > 6$

これは $\dfrac{1}{2} \leqq x < 3$ に含まれないから不適。

$x < \dfrac{1}{2}$ のとき，不等式は $(3-x)+(1-2x) > 8$

これを解いて，$x < -\dfrac{4}{3}$

$x < \dfrac{1}{2}$ と合わせて，$x < -\dfrac{4}{3}$ ……②

①，②より，$x > 4, \ x < -\dfrac{4}{3}$

6 $x = 1, \ 2, \ 3, \ 4$

解説

$x \geqq \dfrac{5}{3}$ のとき，不等式は $3x-5 < x+4$

これを解いて，$x < \dfrac{9}{2}$

$x \geqq \dfrac{5}{3}$ と合わせると，$\dfrac{5}{3} \leqq x < \dfrac{9}{2}$ ……①

$x < \dfrac{5}{3}$ のとき，不等式は $5-3x < x+4$

これを解いて，$x > \dfrac{1}{4}$

$x < \dfrac{5}{3}$ と合わせると，$\dfrac{1}{4} < x < \dfrac{5}{3}$ ……②

①，②より，不等式の解は $\dfrac{1}{4} < x < \dfrac{9}{2}$ となり，これ
を満たす整数 x は，$x = 1, \ 2, \ 3, \ 4$

第2章　集合と命題

09　集合と命題 ①
(pp.20〜21)

1 (1) $A=\{1,\ 2,\ 3,\ 5,\ 6,\ 10,\ 15,\ 30\}$
(2) $B=\{83,\ 89,\ 97\}$
(3) $C=\{3,\ 5,\ 7,\ 9,\ 11\}$
(4) $D=\{-\sqrt{3},\ -\sqrt{2},\ -1,\ 1,\ \sqrt{2},\ \sqrt{3}\}$

解説

(2) $87(=3\times29)$, $91(=7\times13)$ は素数ではない。
(4) x^2 が自然数であるからといって, x が自然数であるとは限らない。

2 (1) $\{1,\ 2,\ 4\}$
(2) $\{1,\ 2,\ 3,\ 4,\ 6,\ 8,\ 12,\ 16\}$

3 (1) $\{12\}$
(2) $\{3,\ 4,\ 6,\ 8,\ 9,\ 12,\ 15,\ 16,\ 18,\ 20\}$
(3) $\{4,\ 8,\ 16,\ 20\}$
(4) $\{1,\ 2,\ 5,\ 7,\ 10,\ 11,\ 13,\ 14,\ 17,\ 19\}$

解説

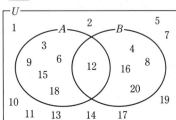

4 (1) 5, 6, 7, 10　(2) 5

解説

(1) $A\cap B=\{2,\ 4\}$ だから, m は A には属さない要素である。
$\overline{A}=\{5,\ 6,\ 7,\ 10\}$ だから, $m=5,\ 6,\ 7,\ 10$
(2) $\overline{A\cup B}=\{6,\ 7,\ 10\}$ より,
$A\cup B=\{1,\ 2,\ 3,\ 4,\ 5,\ 8,\ 9\}$
よって, $m=5$

5 $k\leqq0,\ k\geqq9$

解説

(i)
(ii)
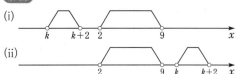

(i)のとき, $k+2\leqq2$ より, $k\leqq0$
(ii)のとき, $k\geqq9$

10　集合と命題 ②
(pp.22〜23)

1 (1)イ　(2)イ　(3)ウ　(4)エ　(5)ア

解説

(1) $x>1$ ならば $x^2>1$ であるが, $x^2>1$ だからといって $x>1$ であるとは限らない。
（例えば, $x=-2$ のとき）
$$x>1 \ \overset{\bigcirc}{\underset{\times}{\rightleftarrows}}\ x^2>1$$

(2) m, n が整数ならば $m+n$, mn も整数であるが, $m+n$, mn が整数だからといって, m, n が整数であるとは限らない。
（例えば, $m=\sqrt{2}$, $n=-\sqrt{2}$ のとき）
$$m,\ n\ が整数\ \overset{\bigcirc}{\underset{\times}{\rightleftarrows}}\ m+n,\ mn\ が整数$$

(3) 必要十分条件である。
$$m\ が偶数\ \overset{\bigcirc}{\underset{\bigcirc}{\rightleftarrows}}\ m^2\ が\ 4\ の倍数$$

(4) $a>0$ であっても $ab+1>0$ とは限らない。
（例えば, $a=1$, $b=-2$）
また, $ab+1>0$ であっても $a>0$ とは限らない。
（例えば, $a=-1$, $b=-1$）
$$a>0\ \overset{\times}{\underset{\times}{\rightleftarrows}}\ ab+1>0$$

(5) $(x-a)(y-b)=0$ のとき, $x=a$ または $y=b$ であり, $x=a$ かつ $y=b$ とは限らない。逆に, $x=a$ かつ $y=b$ のときは,$(x-a)(y-b)=0$ である。
$$(x-a)(y-b)=0\ \overset{\times}{\underset{\bigcirc}{\rightleftarrows}}\ x=a\ かつ\ y=b$$

2 (1) x も y もともに 0 以下である。
(2) $x\leqq0$ または $y\leqq0$ である。
(3) すべての数 a に対して, $ax<0$ である。

3 (逆) $a>0$ または $b>0$ ならば
$a+b>0$ である。…偽
(裏) $a+b\leqq0$ ならば $a\leqq0$ かつ $b\leqq0$ である。…偽
(対偶) $a\leqq0$ かつ $b\leqq0$ ならば $a+b\leqq0$ である。…真

4 (1)ウ (2)イ

解説

(1)$a \geqq b$ より，$a - b \geqq 0$

$a - b \geqq 0$ のとき $|a - b| = a - b$

である。

(2)$x^2 > y^2 + 1$ より，$x^2 > y^2$ だから，$|x| > |y|$

よって，$x^2 > y^2 + 1 \Longrightarrow |x| > |y|$ は真

一方，$|x| > |y| \Longrightarrow x^2 > y^2 + 1$ は偽である。

$\left(例えば，x = 1，y = \dfrac{1}{2}\right)$

5 $1 < \sqrt{2} < 2$ だから，$\sqrt{2}$ は整数ではない。
よって，$\sqrt{2}$ が有理数であると仮定すると，$\sqrt{2} = \dfrac{n}{m}$（ただし，m, n は互いに素である正の整数）とおくことができる。
これより，$\sqrt{2}\,m = n$ $2m^2 = n^2$ となり，n^2 は偶数。よって，n は偶数。
そこで，$n = 2k$（k は自然数）とおくと，$2m^2 = (2k)^2$ $2m^2 = 4k^2$ $m^2 = 2k^2$ となり，m^2 は偶数。よって，m は偶数となるが，これは，m, n が互いに素であることに矛盾する。
したがって，$\sqrt{2}$ は有理数ではない（無理数である）。

第3章 2次関数

11 関数とグラフ

(pp.24〜25)

1 (1)-5 (2)10 (3)1 (4)$-3a + 7$

解説

(1)$f(2) = -3 \cdot 2 + 1 = -6 + 1 = -5$

(2)$f(-3) = -3 \cdot (-3) + 1 = 9 + 1 = 10$

(3)$f(0) = -3 \cdot 0 + 1 = 0 + 1 = 1$

(4)$f(a - 2) = -3(a - 2) + 1 = -3a + 7$

2 (1)2 (2)8 (3)$\dfrac{1}{2}$ (4)$2a^2 + 4a + 2$

解説

(1)$f(1) = 2 \cdot 1^2 = 2 \cdot 1 = 2$

(2)$f(-2) = 2 \cdot (-2)^2 = 2 \cdot 4 = 8$

(3)$f\left(\dfrac{1}{2}\right) = 2 \cdot \left(\dfrac{1}{2}\right)^2 = 2 \cdot \dfrac{1}{4} = \dfrac{1}{2}$

(4)$f(a + 1) = 2(a + 1)^2 = 2a^2 + 4a + 2$

3 (1)$0 \leqq y \leqq 6$ (2)$0 \leqq y < 4$

解説

グラフは次のようになる。

(1) 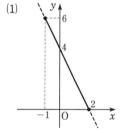 (2)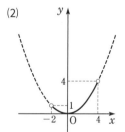

4 (1)最大値 0（$x = 2$ のとき），
　　最小値 -6（$x = -4$ のとき）
(2)最大値 11（$x = -3$ のとき），
　　最小値なし
(3)最大値 4（$x = -2$ のとき），
　　最小値 0（$x = 0$ のとき）
(4)最大値 0（$x = 0$ のとき），
　　最小値なし

グラフは次のようになる。(2)では $x=0$ が範囲に含まれないため，最小値はない。

(1)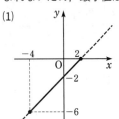

(2)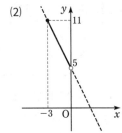

(3)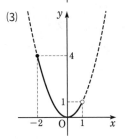

(4)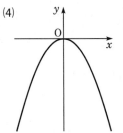

5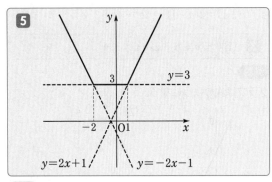

解説

$x \geqq 1$ のとき，$y=(x+2)+(x-1)=2x+1$

$-2 \leqq x < 1$ のとき，$y=(x+2)+(1-x)=3$

$x < -2$ のとき，$y=(-x-2)+(1-x)=-2x-1$

Point

絶対値の中が 0 になる値が，場合分けの境界の値になる。

6 $1 \leqq y < 4$

解説

$x \geqq 2$ のとき，

$y=(x-2)+1=x-1$

$x < 2$ のとき，

$y=(2-x)+1=-x+3$

より，グラフは右のようになる。

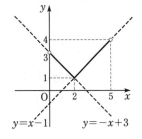

12 2次関数とグラフ (pp.26〜27)

1 (1)軸 直線 $x=-2$，頂点 $(-2,\ 3)$

(2)軸 直線 $x=4$，頂点 $(4,\ -3)$

(3)軸 直線 $x=-\dfrac{1}{2}$，頂点 $\left(-\dfrac{1}{2},\ -2\right)$

解説

2次関数 $y=a(x-p)^2+q$ のグラフの軸は直線 $x=p$，頂点の座標は $(p,\ q)$ である。このとき，$+$，$-$ の符号をまちがえないように注意すること。

2 (1)
(2)
(3)

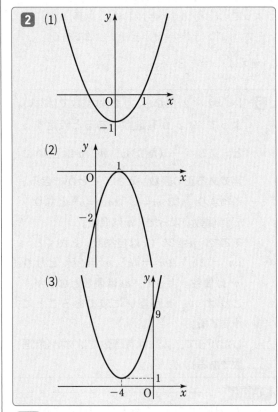

解説

2次関数のグラフをかくときは，頂点の座標以外にもう1点の座標（座標軸との交点など）を示しておくこと。y 軸との交点の座標は関数の式で $x=0$ を代入して求めることができるので示しやすい。

3 (1)軸 直線 $x=-2$，頂点 $(-2,\ -4)$

(2)軸 直線 $x=-1$，頂点 $(-1,\ 8)$

(3)軸 直線 $x=2$，頂点 $(2,\ -7)$

解説

(1)$y=x^2+4x=x^2+4x+4-4=(x+2)^2-4$

(2)$y=-x^2-2x+7=-(x^2+2x)+7$

$$= -(x^2+2x+1-1)+7 = -(x^2+2x+1)+1+7$$
$$= -(x+1)^2+8$$

(3) $y = 2x^2-8x+1 = 2(x^2-4x)+1$
$$= 2(x^2-4x+4-4)+1 = 2(x^2-4x+4)-8+1$$
$$= 2(x-2)^2-7$$

Point

平方完成は数学で最も重要な式変形の 1 つ。完璧にできるようにしておくことが大切である。

4 x 軸方向に $\dfrac{3}{2}$, y 軸方向に $\dfrac{27}{2}$ だけ平行移動したもの

解説

放物線の平行移動は頂点の移動で考える。

$y = -2x^2$ の頂点の座標は原点 $(0, 0)$ であり,

$y = -2x^2+6x+9$ の頂点の座標は,

$y = -2x^2+6x+9 = -2(x^2-3x)+9$

$= -2\left(x^2-3x+\dfrac{9}{4}-\dfrac{9}{4}\right)+9 = -2\left(x-\dfrac{3}{2}\right)^2+\dfrac{9}{2}+9$

$= -2\left(x-\dfrac{3}{2}\right)^2+\dfrac{27}{2}$ より, $\left(\dfrac{3}{2}, \dfrac{27}{2}\right)$

5 (1) $y = -x^2+2x-3$
(2) $y = x^2+2x+3$
(3) $y = -x^2-2x-3$

解説

(1) $y = x^2-2x+3$ の y を $-y$ におき換えて,
$$-y = x^2-2x+3 \quad y = -x^2+2x-3$$

(2) $y = x^2-2x+3$ の x を $-x$ におき換えて,
$$y = (-x)^2-2\cdot(-x)+3 \quad y = x^2+2x+3$$

(3) $y = x^2-2x+3$ の x を $-x$ に, y を $-y$ におき換えて,
$$-y = (-x)^2-2\cdot(-x)+3 \quad y = -x^2-2x-3$$

Point

一般に関数 $y = f(x)$ のグラフで

x 軸に関して対称移動 → $-y = f(x)$

y 軸に関して対称移動 → $y = f(-x)$

原点に関して対称移動 → $-y = f(-x)$

6 $p = 6$, $q = -1$

解説

$y = -3x^2$ のグラフを x 軸方向に 1, y 軸方向に 2 だけ平行移動した放物線の方程式は,

$y = -3(x-1)^2+2$
$$= -3(x^2-2x+1)+2$$
$$= -3x^2+6x-1$$

であるから, p, q の値は, $p = 6$, $q = -1$

13 2 次関数の最大・最小 ① (pp.28〜29)

1 (1)最大値なし,
最小値 $3(x=1$ のとき$)$
(2)最大値 $1(x=-2$ のとき$)$,
最小値なし

解説

(2) $y = -2x^2-8x-7 = -2(x^2+4x)-7$
$$= -2(x^2+4x+4-4)-7 = -2(x+2)^2+1$$

グラフはそれぞれ次のようになる。

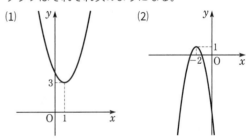

(1)　　　　　　(2)

2 (1)最大値 $-12(x=2$ のとき$)$,
最小値 $-16(x=4$ のとき$)$
(2)最大値 $4(x=3$ のとき$)$,
最小値 $-23(x=6$ のとき$)$

解説

それぞれ平方完成すると,

(1) $y = x^2-8x = x^2-8x+16-16 = (x-4)^2-16$

(2) $y = -2x^2+9x-5 = -2\left(x^2-\dfrac{9}{2}x\right)-5$

$= -2\left(x^2-\dfrac{9}{2}x+\dfrac{81}{16}\right)+\dfrac{81}{8}-5 = -2\left(x-\dfrac{9}{4}\right)^2+\dfrac{41}{8}$

となり, グラフは次のようになる。

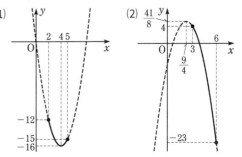

(1)　　　　　　(2)

3 $c=-\dfrac{3}{2}$, 最大値 $\dfrac{5}{2}$（$x=4$ のとき）

解説

$y=\dfrac{1}{2}x^2-x+c=\dfrac{1}{2}(x-1)^2+c-\dfrac{1}{2}$ より，

$-1\leqq x\leqq 4$ において，2次関数 $y=\dfrac{1}{2}x^2-x+c$ は

$x=1$ のとき最小で，最小値は $c-\dfrac{1}{2}$，$x=4$ のとき

最大で，最大値は $4+c$ である。

よって，

$c-\dfrac{1}{2}=-2$ よ

り，$c=-\dfrac{3}{2}$

また，最大値は

$4+c=\dfrac{5}{2}$

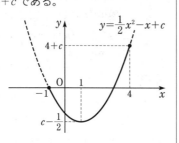

4 $b=4$, $c=-1$

解説

$y=-x^2+bx+c$（$1\leqq x\leqq 4$）

のグラフは右のようになり，

$x=2$ で最大となるから，

$x=4$ のとき最小値 -1 をと

ることがわかる。

よって，この放物線の方程式

は $y=-(x-2)^2+q$ とおく

ことができ，$x=4$ のとき $y=-1$ であるから，

$-1=-4+q$　$q=3$

したがって，放物線の方程式は，

$y=-(x-2)^2+3=-x^2+4x-1$

であるから，$b=4$, $c=-1$ である。

5 $a=-1$, $b=4$, $c=2$

解説

$y=ax^2+bx+c$ が $x=2$ で最大値をとることから，

最大値を q とすると，

$y=ax^2+bx+c=a(x-2)^2+q$（ただし，$a<0$）

とおくことができる。この放物線は2点 $(3,\ 5)$, $(4,\ 2)$

を通るので，$5=a+q$, $2=4a+q$

これを解いて，$a=-1$, $q=6$

したがって，放物線の方程式は，

$y=-(x-2)^2+6=-x^2+4x+2$

であるから，$a=-1$, $b=4$, $c=2$ である。

Point

頂点の座標が $(p,\ q)$ とわかっている放物線の方
程式は $y=a(x-p)^2+q$ とおくことができる。

14 2次関数の最大・最小 ② （pp.30〜31）

1 (1) $a<1$ のとき，$m(a)=4-2a$

$\qquad$ $1\leqq a<3$ のとき，$m(a)=3-a^2$

$\qquad$ $a\geqq 3$ のとき，$m(a)=12-6a$

(2) $a<2$ のとき，$M(a)=12-6a$

$\qquad$ $a\geqq 2$ のとき，$M(a)=4-2a$

解説

$y=x^2-2ax+3=(x-a)^2+3-a^2$ より，軸は直線

$x=a$

(1) 最小値は，軸が定義域より左側にある場合，定義域
に含まれる場合，定義域より右側にある場合に分け
て考える。

$\quad$ (i) 軸が定義域より左側にある場合…$a<1$ のとき

$\qquad$ $x=1$ のとき最小で，最小値は $4-2a$

$\quad$ (ii) 軸が定義域に含まれる場合…$1\leqq a<3$ のとき

$\qquad$ $x=a$ のとき最小で，最小値は $3-a^2$

$\quad$ (iii) 軸が定義域より右側にある場合…$a\geqq 3$ のとき

$\qquad$ $x=3$ のとき最小で，最小値は $12-6a$

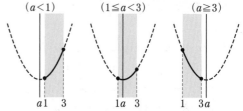

(2) 最大値は，軸が定義域の中央より左側にある場合，
定義域の中央より右側にある場合に分けて考える。

$\quad$ (i) 軸が定義域の中央より左側にある場合

$\qquad$ $a<2$ のとき $x=3$ のとき最大で，最大値は

$\qquad$ $12-6a$

$\quad$ (ii) 軸が定義域の中央より右側にある場合

$\qquad$ $a\geqq 2$ のとき $x=1$ のとき最大で，最大値は

$\qquad$ $4-2a$

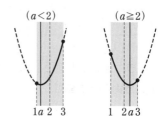

文字を含む2次関数の最大・最小
→軸，定義域の両端，定義域の中央の位置関係
によって場合分けして考える。

2 $a \geqq 2$ のとき，$m(a) = a^2 - 4a - 1$
　　$0 \leqq a < 2$ のとき，$m(a) = -5$
　　$a < 0$ のとき，$m(a) = a^2 - 5$
　　グラフは次の図の実線部分

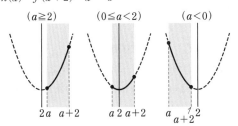

解説

$f(x) = x^2 - 4x - 1 = (x-2)^2 - 5$ より，軸は直線 $x = 2$

(i) $2 \leqq a$ すなわち $a \geqq 2$ のとき，
　$m(a) = f(a) = a^2 - 4a - 1$

(ii) $a < 2 \leqq a + 2$ すなわち $0 \leqq a < 2$ のとき，
　$m(a) = f(2) = -5$

(iii) $a + 2 < 2$ すなわち $a < 0$ のとき，
　$m(a) = f(a+2) = a^2 - 5$

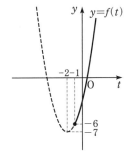

3 最小値 -6（$x = -1$ のとき）

解説

$x^2 + 2x = t$ とおき，
$y = f(t) = t^2 + 4t - 3$
　　$= (t+2)^2 - 7$
とする。ここで，
$t = x^2 + 2x = (x+1)^2 - 1$ よ
り，x がすべての実数値を
とるとき，t のとり得る値

の範囲は $t \geqq -1$ であるから，関数 $y = f(t)$ の
$t \geqq -1$ における最小値を求めればよい。
$y = f(t)$ のグラフから y は $t = -1$（$x = -1$）のとき
最小で，最小値は，$f(-1) = 1 - 4 - 3 = -6$ である
ことがわかる。

文字をおき換えたときは，おき換えた文字のと
り得る値の範囲に注意すること。

4 最大値 1（$x = 0$ のとき），
　　最小値 $\dfrac{1}{10}$ $\left(x = \dfrac{3}{10}$ のとき$\right)$

解説

$3x + y = 1$ より，$y = 1 - 3x$
よって，$x^2 + y^2 = x^2 + (1 - 3x)^2$
$= 10x^2 - 6x + 1 = 10\left(x - \dfrac{3}{10}\right)^2 + \dfrac{1}{10} = f(x)$ とおく。

ここで，$x \geqq 0$，$y = 1 - 3x \geqq 0$ より，$0 \leqq x \leqq \dfrac{1}{3}$ であ

るから，この範囲における
$f(x)$ の最大値と最小値を
求めればよい。
グラフより，
最大値は $f(0) = 1$
最小値は $f\left(\dfrac{3}{10}\right) = \dfrac{1}{10}$

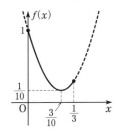

文字を消去したときも，とり得る値の範囲に注
意すること。

5 $a < 1$ のとき，$M(a) = 2 - a$
　　$a \geqq 1$ のとき，$M(a) = 1$
　　$a < 0$ のとき，$m(a) = 1$
　　$0 \leqq a < 2$ のとき，$m(a) = 1 - \dfrac{a^2}{4}$
　　$a \geqq 2$ のとき，$m(a) = 2 - a$

解説

$f(x) = x^2 - ax + 1 = \left(x - \dfrac{a}{2}\right)^2 + 1 - \dfrac{a^2}{4}$

最大値について，

(i) $\dfrac{a}{2} < \dfrac{1}{2}$ すなわち $a < 1$ のとき，
　$M(a) = f(1) = 2 - a$

(ii) $\dfrac{a}{2} \geqq \dfrac{1}{2}$ すなわち $a \geqq 1$ のとき,

$\quad M(a) = f(0) = 1$

最小値について,

(i) $\dfrac{a}{2} < 0$ すなわち $a < 0$ のとき,

$\quad m(a) = f(0) = 1$

(ii) $0 \leqq \dfrac{a}{2} < 1$ すなわち $0 \leqq a < 2$ のとき,

$\quad m(a) = f\left(\dfrac{a}{2}\right) = 1 - \dfrac{a^2}{4}$

(iii) $\dfrac{a}{2} \geqq 1$ すなわち $a \geqq 2$ のとき,

$\quad m(a) = f(1) = 2 - a$

15 2次関数の決定 　　　(pp.32〜33)

1 　(1) $y = 3x^2 - x - 2$
　　(2) $y = -3x^2 + 12x - 15$
　　(3) $y = \dfrac{1}{2}x^2 - x - \dfrac{3}{2}$

解説

(1)求める2次関数を $y = ax^2 + bx + c$ とおくと,

$\quad 12 = 4a - 2b + c$ ……①

$\quad 0 = a + b + c$ ……②

$\quad 22 = 9a + 3b + c$ ……③

$\quad$①−②より, $12 = 3a - 3b$, $a - b = 4$ ……④

$\quad$③−②より, $22 = 8a + 2b$, $4a + b = 11$ ……⑤

$\quad$④+⑤より, $5a = 15$ 　$a = 3$

$\quad$④に代入して, $b = -1$

$\quad$②に代入して, $0 = 3 - 1 + c$ 　$c = -2$

$\quad$よって, 求める2次関数は, $y = 3x^2 - x - 2$

(2)求める2次関数を $y = a(x-2)^2 - 3$ とおくと,

$\quad (1, -6)$ を通ることから, $-6 = a - 3$ 　$a = -3$

$\quad$よって, 求める2次関数は,

$\quad y = -3(x-2)^2 - 3 = -3x^2 + 12x - 15$

(3)求める2次関数を $y = a(x+1)(x-3)$ とおくと,

$\quad (5, 6)$ を通ることから, $6 = 12a$ 　$a = \dfrac{1}{2}$

$\quad$よって, 求める2次関数は,

$\quad y = \dfrac{1}{2}(x+1)(x-3) = \dfrac{1}{2}x^2 - x - \dfrac{3}{2}$

2 　(1) $y = 2x^2 - x + 3$
　　(2) $y = -x^2 + 2x + 3$

解説

(1)求める放物線の方程式を $y = 2x^2 + bx + c$ とおくと,

$\quad 13 = 8 - 2b + c$ 　$5 = -2b + c$ ……①,

$\quad 4 = 2 + b + c$ 　$2 = b + c$ ……②

$\quad$①−②より, $3 = -3b$ 　$b = -1$

$\quad$②に代入して, $2 = -1 + c$ 　$c = 3$

$\quad$よって, 求める放物線の方程式は, $y = 2x^2 - x + 3$

(2)求める放物線の方程式を $y = -(x-1)^2 + q$ とおくと, $(4, -5)$ を通ることから, $-5 = -9 + q$ 　$q = 4$

$\quad$よって, 求める放物線の方程式は,

$\quad y = -(x-1)^2 + 4 = -x^2 + 2x + 3$

3 　(1) 16
　　(2) $a = 2$, $b = 8$

解説

(1)軸が直線 $x = -2$ であることから, この2次関数は, $y = a(x+2)^2 + q$ とおくことができる。

$\quad$点 $(2, 0)$ を通るから, $0 = 16a + q$ ……①

$\quad$また, $y = a(x+2)^2 + q = ax^2 + 4ax + 4a + q$ の定数項が 12 であることから, $4a + q = 12$ ……②

$\quad$①, ②より, $a = -1$, $q = 16$

$\quad$よって, 頂点の y 座標$(= q)$ は 16 である。

(2)グラフを y 軸方向に -4 だけ平行移動したグラフが x 軸と接することから, グラフの頂点の y 座標が 4 であることがわかる。

$\quad$したがって, この2次関数は,

$\quad y = a(x+2)^2 + 4 = ax^2 + 4ax + 4a + 4$ とおくことができるので, $y = ax^2 + bx + 12$ との係数を比較して,

$\quad b = 4a$, $4a + 4 = 12$

$\quad$これより, $a = 2$, $b = 8$

4 　$b = a^2 + 2a$

解説

$y = x^2 - 2(a+2)x + b = \{x - (a+2)\}^2 + b - (a+2)^2$

より, 頂点の座標は $(a+2, \; b - (a+2)^2)$

これが, 直線 $y = -2x$ 上にあるから,

$\quad b - (a+2)^2 = -2(a+2)$

これより, $b = -2(a+2) + (a+2)^2 = a^2 + 2a$

16 2次方程式 (pp.34〜35)

1 (1) $x=0,\ -2$ (2) $x=-3,\ 7$

(3) $x=5,\ -\dfrac{1}{2}$ (4) $x=1,\ a$

(5) $x=-a,\ \dfrac{2}{a}$

解説

(1) $x(x+2)=0$ より, $x=0,\ -2$

(2) $(x+3)(x-7)=0$ より, $x=-3,\ 7$

(3) $(x-5)(2x+1)=0$ より, $x=5,\ -\dfrac{1}{2}$

(4) $(x-1)(x-a)=0$ より, $x=1,\ a$

(5) $(x+a)(ax-2)=0$ より, $x=-a,\ \dfrac{2}{a}$

2 (1) $x=\dfrac{-3\pm\sqrt{5}}{2}$ (2) $x=\dfrac{3\pm\sqrt{19}}{2}$

(3) $x=-\dfrac{1}{3},\ -1$

解説

(1) $x=\dfrac{-3\pm\sqrt{3^2-4\cdot1\cdot1}}{2\times1}=\dfrac{-3\pm\sqrt{5}}{2}$

(2) $x=\dfrac{-(-3)\pm\sqrt{(-3)^2-2\cdot(-5)}}{2}=\dfrac{3\pm\sqrt{19}}{2}$

(3) $x=\dfrac{-2\pm\sqrt{2^2-3\cdot1}}{3}=\dfrac{-2\pm1}{3}=-\dfrac{1}{3},\ -1$

3 (1) 2個 (2) 1個 (3) 0個(なし)

解説

それぞれの判別式を D とすると,
└以降, 判別式を D とする

(1) $D=(-5)^2-4\cdot3\cdot1=13>0$

(2) $D=12^2-4\cdot4\cdot9=0$

(3) $D=(-1)^2-4\cdot1\cdot3=-11<0$

4 $m=2$ のとき, 他の解 $x=1$
　　また は,
　　$m=-2$ のとき, 他の解 $x=-3$

解説

$x=2$ を方程式に代入すると,

$4-2(m+1)+m^2+2m-6=0$

これより, $m^2=4$　$m=\pm2$

$m=2$ のとき, 方程式は $x^2-3x+2=0$ となり, これを解いて, $x=2,\ 1$

よって, このとき, 他の解は $x=1$

$m=-2$ のとき, 方程式は $x^2+x-6=0$ となり, これを解いて, $x=2,\ -3$

よって, このとき, 他の解は $x=-3$

5 $k=-\dfrac{9}{2}$ のとき, 重解は $x=-4$
　　また は,
　　$k=\dfrac{7}{2}$ のとき, 重解は $x=4$

解説

$D=0$ より, $(2k+1)^2-64=0$

$(2k+1+8)(2k+1-8)=0$ 　$(2k+9)(2k-7)=0$

$k=-\dfrac{9}{2},\ \dfrac{7}{2}$

$k=-\dfrac{9}{2}$ のとき, 方程式は $x^2+8x+16=0$ となり,

$(x+4)^2=0$ より, 重解は $x=-4$

$k=\dfrac{7}{2}$ のとき, 方程式は $x^2-8x+16=0$ となり,

$(x-4)^2=0$ より, 重解は $x=4$

6 (1) $x=1,\ \dfrac{3\sqrt{2}-1}{3}$

(2) $x=-3$

解説

(1) 方程式の左辺は, 「たすき掛け」によって次のように因数分解することができる。

$$\begin{array}{ccc}1 & -1 & -3 \\ 3 & -(3\sqrt{2}-1) & -3\sqrt{2}+1 \\ \hline 3 & 3\sqrt{2}-1 & -(3\sqrt{2}+2)\end{array}$$

$(x-1)\{3x-(3\sqrt{2}-1)\}=0$

これより, $x=1,\ \dfrac{3\sqrt{2}-1}{3}$

(2) $x\geqq4$ のとき,

方程式は, $(x+3)(x-4)+2x+6=0$

$x^2+x-6=0$　$x=-3,\ 2$

となるが, $x\geqq4$ を満たさないので不適。

$x<4$ のとき,

方程式は, $(x+3)(4-x)+2x+6=0$

$x^2-3x-18=0$　$x=-3,\ 6$

となるが, $x=6$ は $x<4$ を満たさないので不適。

以上より, 方程式の解は, $x=-3$

15

17 2次不等式 (pp.36〜37)

---

1 (1) $x < -1,\ x > 3$　(2) $-3 \leqq x \leqq 3$
　　(3) $-2-\sqrt{5} < x < -2+\sqrt{5}$

解説

(1) $(x+1)(x-3) > 0$ より，$x < -1,\ x > 3$

(2) $(x+3)(x-3) \leqq 0$ より，$-3 \leqq x \leqq 3$

(3) 両辺を -2 で割って，$x^2+4x-1 < 0$

$x^2+4x-1=0$ の解は $x = -2 \pm \sqrt{5}$ だから，不等式の解は，$-2-\sqrt{5} < x < -2+\sqrt{5}$

Point
2次不等式では，x^2 の係数を正にしておく。

---

2 (1) x はすべての実数　(2) 解なし
　　(3) $x = -\dfrac{1}{2}$

解説

(1) $y = x^2+6x+9 = (x+3)^2$ のグラフの頂点は
$(-3,\ 0)$ であり，グラフは下に凸であるから，すべての実数 x について $y \geqq 0$ が成り立つ。

(2) $-x^2+x-5 > 0$ より，$x^2-x+5 < 0$

$y = x^2-x+5 = \left(x-\dfrac{1}{2}\right)^2+\dfrac{19}{4}$ のグラフの頂点は
$\left(\dfrac{1}{2},\ \dfrac{19}{4}\right)$ であり，グラフは下に凸であるから，どのような実数 x に対しても $y < 0$ となることはない。

(3) $y = 4x^2+4x+1 = (2x+1)^2$ のグラフの頂点は
$\left(-\dfrac{1}{2},\ 0\right)$ であり，グラフは下に凸であるから，

$y \leqq 0$ となるのは $x = -\dfrac{1}{2}$ のときだけである。

---

3 (1) $-2 \leqq x < 1-\sqrt{3},\ x > 1+\sqrt{3}$
　　(2) $-4 \leqq x < 2-\sqrt{3}$

解説

(1) $5x+2 \geqq 3x-2$ より，$2x \geqq -4$　$x \geqq -2$

$x^2-2x-2 > 0$ より，$x < 1-\sqrt{3},\ x > 1+\sqrt{3}$

これらを数直線上に図示すると，

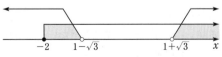

共通する範囲を求めて，

$-2 \leqq x < 1-\sqrt{3},\ x > 1+\sqrt{3}$

(2) $x^2-4x+1 > 0$ より，$x < 2-\sqrt{3},\ x > 2+\sqrt{3}$

$-x^2-3x+4 \geqq 0$ より，$-4 \leqq x \leqq 1$

これらを数直線上に図示すると，

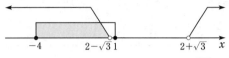

共通する範囲を求めて，$-4 \leqq x < 2-\sqrt{3}$

Point
連立不等式の解
→数直線上で共通範囲を見つける。

---

4 $a = -\dfrac{1}{15},\ b = \dfrac{2}{15}$

解説

解が $-3 < x < 5$ である不等式の1つは，
$(x+3)(x-5) < 0$　$x^2-2x-15 < 0$

これを $ax^2+bx+1 > 0$ と一致させるために，両辺を -15 で割ると，$-\dfrac{1}{15}x^2+\dfrac{2}{15}x+1 > 0$ となるから，

$a = -\dfrac{1}{15},\ b = \dfrac{2}{15}$ である。

---

5 $1 \leqq a < 2,\ 4 < a \leqq 5$

解説

$x^2-(a+3)x+3a < 0$ より，$(x-3)(x-a) < 0$
不等式の解は，
$a > 3$ のとき，$3 < x < a$ ……①
$a < 3$ のとき，$a < x < 3$ ……②

①の場合，これを満たす x の整数値が 4 だけであればよいから，$4 < a \leqq 5$

②の場合，これを満たす x の整数値が 2 だけであればよいから，$1 \leqq a < 2$

Point
不等号に＝をつけるかつけないかは，具体的に数値をあてはめて考えるとよい。

例 ①の場合…

$a = 4 \to 3 < x < 4$ となりこれを満たす x の整数値はない。

$a = 5 \to 3 < x < 5$ となりこれを満たす x の整数値は 4 のみである。

6 $-1 < x < 1,\ x > \dfrac{5}{2}$

解説

$x \geqq \dfrac{3}{4}$ のとき，$|4x-3| = 4x-3$ だから，不等式は，

$(x-1)(4x-10) > 0$ より，$x < 1,\ x > \dfrac{5}{2}$

$x \geqq \dfrac{3}{4}$ と合わせて，$\dfrac{3}{4} \leqq x < 1,\ x > \dfrac{5}{2}$ ……①

$x < \dfrac{3}{4}$ のとき，$|4x-3| = 3-4x$ だから，不等式は，

$(x-1)(-4x-4) > 0$　$(x-1)(x+1) < 0$

$-1 < x < 1$

$x < \dfrac{3}{4}$ と合わせて，$-1 < x < \dfrac{3}{4}$ ……②

①，②より，$-1 < x < 1,\ x > \dfrac{5}{2}$

18 グラフと方程式・不等式 ① (pp.38〜39)

1 (1) $a < -\dfrac{3}{4},\ a > 1$

(2) $a = -\dfrac{3}{4},\ 1$

(3) $-\dfrac{3}{4} < a < 1$

解説

$\dfrac{D}{4} = (-2a)^2 - (a+3) = 4a^2 - a - 3$

$\quad = (a-1)(4a+3)$

(1) $(a-1)(4a+3) > 0$ より，$a < -\dfrac{3}{4},\ a > 1$

(2) $(a-1)(4a+3) = 0$ より，$a = -\dfrac{3}{4},\ a = 1$

(3) $(a-1)(4a+3) < 0$ より，$-\dfrac{3}{4} < a < 1$

2 $(-4,\ 0)$

解説

$\dfrac{D}{4} = 4^2 - (3a+2) = 0$ より，$a = \dfrac{14}{3}$

このとき，$y = x^2 + 8x + 16 = (x+4)^2$ であるから，x軸との接点の座標は $(-4,\ 0)$ である。

3 $a = \dfrac{2}{3},\ 2$

解説

$a - 2 \neq 0$ のとき，

$\dfrac{D}{4} = a^2 - (a-2)(a-1) = 3a - 2 = 0$ より，$a = \dfrac{2}{3}$

$a - 2 = 0$ のとき，関数は $y = 4x + 1$ となり，x軸とただ1つの共有点をもつから問題に適する。

よって，$a = \dfrac{2}{3},\ 2$

Point

関数 $y = ax^2 + bx + c$ は，$a \neq 0$ のとき2次関数，$a = 0$ のとき1次（以下の）関数である。

4 $\sqrt{6}$

解説

2次方程式 $2x^2 - 8x + 5 = 0$ の解は，$x = \dfrac{4 \pm \sqrt{6}}{2}$ であるから，グラフがx軸と交わる点のx座標は，

$\dfrac{4 - \sqrt{6}}{2}$ と $\dfrac{4 + \sqrt{6}}{2}$ である。

したがって，$\mathrm{PQ} = \dfrac{4 + \sqrt{6}}{2} - \dfrac{4 - \sqrt{6}}{2} = \sqrt{6}$

5 $(-2,\ 2),\ (3,\ 17)$

解説

$y = x^2 + 2x + 2$ と $y = 3x + 8$ から，

$x^2 + 2x + 2 = 3x + 8$　$x^2 - x - 6 = 0$

これを解くと，$x = -2,\ 3$

$y = 3x + 8$ より，$x = -2$ のとき $y = 2$

$\qquad\qquad\qquad x = 3$ のとき $y = 17$

したがって，共有点の座標は $(-2,\ 2),\ (3,\ 17)$

6 $a = -\dfrac{2}{5}$

解説

$y = x^2 - 4ax + 4a^2 + a + 4$ と $y = -2x + 1$ から，

$x^2 - 4ax + 4a^2 + a + 4 = -2x + 1$

$x^2 + 2(1-2a)x + 4a^2 + a + 3 = 0$

この2次方程式が重解をもてばよいので，

$\dfrac{D}{4} = (1-2a)^2 - (4a^2 + a + 3) = 0$

$-5a - 2 = 0$　$a = -\dfrac{2}{5}$

19 グラフと方程式・不等式 ② (pp.40〜41)

1 (1) $-2\sqrt{3} < a < 2\sqrt{3}$

(2) $0 \leqq a < \dfrac{1}{2}$

解説

(1) $D = a^2 - 12 < 0$ より，$-2\sqrt{3} < a < 2\sqrt{3}$

(2)(i) $a > 0$ のとき，

$\dfrac{D}{4} = a^2 - a(-a+1) < 0$ より，$0 < a < \dfrac{1}{2}$

(ii) $a = 0$ のとき，不等式は $1 > 0$ となり，すべての実数 x について成り立つ。

(iii) $a < 0$ のとき，題意は成り立たない。

以上より，求める a の範囲は，$0 \leqq a < \dfrac{1}{2}$

2 $-\dfrac{5}{2} < a < 2$

解説

$f(x) = x^2 - 2ax + 4$ とおくと，定義域 $-1 \leqq x \leqq 2$ において $f(x)$ の最小値が正であればよい。

$f(x) = x^2 - 2ax + 4 = (x-a)^2 + 4 - a^2$ より，$f(x)$ の最小値 $m(a)$ は，

(i) $a < -1$ のとき，$m(a) = f(-1) = 2a + 5$

$2a + 5 > 0$ より，$a > -\dfrac{5}{2}$

$a < -1$ と合わせて，$-\dfrac{5}{2} < a < -1$

(ii) $-1 \leqq a < 2$ のとき，$m(a) = f(a) = -a^2 + 4$

$-a^2 + 4 > 0$ より，$-2 < a < 2$

$-1 \leqq a < 2$ と合わせて，$-1 \leqq a < 2$

(iii) $a \geqq 2$ のとき，$m(a) = f(2) = -4a + 8$

$-4a + 8 > 0$ より，$a < 2$

$a \geqq 2$ だから，これは不適。

以上より，求める a の範囲は，$-\dfrac{5}{2} < a < 2$

※ $y = m(a)$ のグラフをかいて，$m(a) > 0$ となる a の範囲を求めるとわかりやすい。

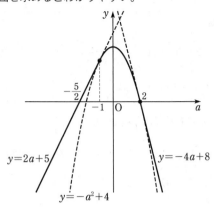

3 (1) $1 < p < 2$

(2) $p > 2$

解説

$y = f(x) = x^2 - 2px - p + 2$ とおく。

(1) 2 つの解がともに正である条件は，

$\dfrac{D}{4} = p^2 - (-p+2) > 0$ ……①

軸は $x = p$ だから，

$p > 0$ ……②

$f(0) = -p + 2 > 0$ ……③

①より，$p < -2,\ p > 1$

③より，$p < 2$

これらの共通範囲を求めて，$1 < p < 2$

(2) 正の解と負の解を 1 つずつもつための条件は，

$f(0) = -p + 2 < 0$

よって，$p > 2$

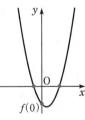

※ $f(0) < 0$ であれば，他の条件を考えなくてよい。

Point

2 次方程式 $ax^2 + bx + c = 0$ が正の解と負の解を 1 つずつもつための条件

- $a > 0$ のとき，$c < 0$
- $a < 0$ のとき，$c > 0$

$\Big\}$ → $ac < 0$

4 $2<k\leqq\dfrac{11}{5}$

（解説）

$y=f(x)$

$=x^2-2kx+k+2$ とおく。

条件は，

$\dfrac{D}{4}=k^2-(k+2)>0$

これより，$k<-1,\ k>2$

軸は $x=k$ だから，

$1<k<3$

$f(1)=-k+3\geqq0$

これより，$k\leqq3$

$f(3)=-5k+11\geqq0$　これより，$k\leqq\dfrac{11}{5}$

これらの共通範囲を求めて，$2<k\leqq\dfrac{11}{5}$

---

5 $a<-\dfrac{4}{3},\ \alpha-\beta>\dfrac{20}{3}$

（解説）

$f(x)=x^2+5ax+3a+4$ とおくと，$f(0)<0$ であれば

よいから，$3a+4<0$　$a<-\dfrac{4}{3}$

次に，$x^2+5ax+3a+4=0$ の解は，

$x=\dfrac{-5a\pm\sqrt{25a^2-12a-16}}{2}$

であるから，$\alpha-\beta=\sqrt{25a^2-12a-16}$

ここで，$g(a)=25a^2-12a-16$ とおくと，

$g(a)=25\left(a-\dfrac{6}{25}\right)^2-\dfrac{436}{25}$ より，$a<-\dfrac{4}{3}$ において，

$g(a)>g\left(-\dfrac{4}{3}\right)=\dfrac{400}{9}$

よって，$\alpha-\beta>\sqrt{\dfrac{400}{9}}=\dfrac{20}{3}$

---

20 三角比

1

	(1)	(2)	(3)
$\sin\alpha$	$\dfrac{\sqrt{5}}{5}$	$\dfrac{4}{5}$	$\dfrac{8}{17}$
$\cos\alpha$	$\dfrac{2\sqrt{5}}{5}$	$\dfrac{3}{5}$	$\dfrac{15}{17}$
$\tan\alpha$	$\dfrac{1}{2}$	$\dfrac{4}{3}$	$\dfrac{8}{15}$

（解説）

辺の長さは，三平方の定理を利用して求めておく。

(1)$AB=\sqrt{1^2+2^2}=\sqrt{5}$　(2)$BC=\sqrt{3^2+4^2}=5$

(3)$BC=\sqrt{17^2-8^2}=15$

---

2 (1) $x=4\sqrt{3},\ y=2\sqrt{3}$

　　(2) $x=\sqrt{3},\ y=\sqrt{6}$　(3) $x=3\sqrt{3},\ y=3$

---

3 (1) $\dfrac{3\sqrt{3}}{2}$　(2) $\dfrac{1}{2}$　(3) $\dfrac{\sqrt{3}}{2}$

（解説）

(1)$\cos30°+\tan60°=\dfrac{\sqrt{3}}{2}+\sqrt{3}=\dfrac{3\sqrt{3}}{2}$

(2)$\sin^2 45°=\left(\dfrac{1}{\sqrt{2}}\right)^2=\dfrac{1}{2}$

(3)$2\sin60°\cos60°=2\times\dfrac{\sqrt{3}}{2}\times\dfrac{1}{2}=\dfrac{\sqrt{3}}{2}$

---

4 10.9 m

（解説）

目の高さと木の高さの差は，

$12\times\tan38°=12\times0.7813=9.3756$(m)

これに目の高さ 1.5 m を加えて，

$9.3756+1.5=10.8756$　四捨五入して，10.9 m

---

5 標高差…166.4 m，水平距離…782.4 m

（解説）

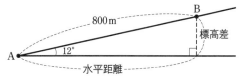

標高差 $=800\times\sin12°=800\times0.208=166.4$(m)

水平距離 $=800\times\cos12°=800\times0.978=782.4$(m)

21 三角比の相互関係 (pp.44〜45)

1 (1) 0　(2) 1　(3) −1　(4) 1　(5) $\dfrac{\sqrt{2}}{2}$

解説

(1) $\sin 70° − \cos 20° = \sin(90° − 20°) − \cos 20°$
　$= \cos 20° − \cos 20° = 0$

(2) $\tan 20° \tan 70° = \tan 20° \times \dfrac{1}{\tan 20°} = 1$

(3) $\tan^2 20° − \dfrac{1}{\sin^2 70°} = \tan^2 20° − \dfrac{1}{\sin^2(90° − 20°)}$
　$= \tan^2 20° − \dfrac{1}{\cos^2 20°}$
　$= \tan^2 20° − (1 + \tan^2 20°) = −1$

(4) $\sin 25° \cos 65° + \cos 25° \sin 65°$
　$= \sin 25° \cos(90° − 25°) + \cos 25° \sin(90° − 25°)$
　$= \sin^2 25° + \cos^2 25° = 1$

(5) $\sin 25° + \sin 35° + \sin 45° − \cos 55° − \cos 65°$
　$= \sin 25° + \sin 35° + \sin 45° − \sin 35° − \sin 25°$
　$= \sin 45° = \dfrac{\sqrt{2}}{2}$

2 (1) $\cos\alpha = \dfrac{3}{5}$, $\tan\alpha = \dfrac{4}{3}$

　　(2) $\sin\alpha = \dfrac{5}{13}$, $\tan\alpha = \dfrac{5}{12}$

　　(3) $\cos\alpha = \dfrac{\sqrt{5}}{5}$, $\sin\alpha = \dfrac{2\sqrt{5}}{5}$

解説

$0° < \alpha < 90°$ のとき，$\sin\alpha > 0$, $\cos\alpha > 0$, $\tan\alpha > 0$
だから，

(1) $\cos\alpha = \sqrt{1 − \sin^2\alpha} = \sqrt{1 − \dfrac{16}{25}} = \sqrt{\dfrac{9}{25}} = \dfrac{3}{5}$

　$\tan\alpha = \dfrac{\sin\alpha}{\cos\alpha} = \dfrac{4}{5} \div \dfrac{3}{5} = \dfrac{4}{3}$

(2) $\sin\alpha = \sqrt{1 − \cos^2\alpha} = \sqrt{1 − \dfrac{144}{169}} = \sqrt{\dfrac{25}{169}} = \dfrac{5}{13}$

　$\tan\alpha = \dfrac{\sin\alpha}{\cos\alpha} = \dfrac{5}{13} \div \dfrac{12}{13} = \dfrac{5}{12}$

(3) $\dfrac{1}{\cos^2\alpha} = 1 + \tan^2\alpha = 1 + 4 = 5$ より，

　$\cos^2\alpha = \dfrac{1}{5}$　$\cos\alpha = \sqrt{\dfrac{1}{5}} = \dfrac{\sqrt{5}}{5}$

　$\sin\alpha = \tan\alpha \cos\alpha = 2 \cdot \dfrac{\sqrt{5}}{5} = \dfrac{2\sqrt{5}}{5}$

Point

$\sin\alpha$, $\cos\alpha$, $\tan\alpha$ のどれか 1 つの値がわかれば，
三角比の相互関係を利用して他の 2 つの値を求めることができる。

3 2

解説

$\cos 15° = a$, $\sin 15° = b$ とおくと，
(与式)$= (a + b)^2 + (a − b)^2 = 2(a^2 + b^2)$
ここで，$a^2 + b^2 = 1$ だから，(与式)$= 2$

4 $\dfrac{1 + \cos\theta}{\sin\theta} \times \dfrac{1 − \cos\theta}{\sin\theta} = \dfrac{1 − \cos^2\theta}{\sin^2\theta}$
　　$= \dfrac{\sin^2\theta}{\sin^2\theta} = 1$

解説

左辺のかけ算を計算することにより，
$1 − \cos^2\theta = \sin^2\theta$ を用いる。

5 $\sin\alpha = \dfrac{8}{17}$, $\cos\alpha = \dfrac{15}{17}$

解説

$\sin\alpha + 4\cos\alpha = 4$ より，$\sin\alpha = 4 − 4\cos\alpha$
これを，$\sin^2\alpha + \cos^2\alpha = 1$ に代入すると，
$(4 − 4\cos\alpha)^2 + \cos^2\alpha = 1$
$17\cos^2\alpha − 32\cos\alpha + 15 = 0$
$(\cos\alpha − 1)(17\cos\alpha − 15) = 0$
$0° < \alpha < 90°$ だから，$0 < \cos\alpha < 1$ より，$\cos\alpha = \dfrac{15}{17}$

よって，$\sin\alpha = 4 − 4 \cdot \dfrac{15}{17} = \dfrac{8}{17}$

6 $\sin\theta\cos\theta = \dfrac{1}{2}$, $\sin^3\theta + \cos^3\theta = \dfrac{\sqrt{2}}{2}$

解説

$\sin\theta + \cos\theta = \sqrt{2}$ の両辺を 2 乗して，
$\sin^2\theta + 2\sin\theta\cos\theta + \cos^2\theta = 2$
$1 + 2\sin\theta\cos\theta = 2$　$2\sin\theta\cos\theta = 1$
よって，$\sin\theta\cos\theta = \dfrac{1}{2}$
また，$\sin^3\theta + \cos^3\theta$
$= (\sin\theta + \cos\theta)^3 − 3\sin\theta\cos\theta(\sin\theta + \cos\theta)$
$= (\sqrt{2})^3 − 3 \cdot \dfrac{1}{2} \cdot \sqrt{2} = 2\sqrt{2} − \dfrac{3\sqrt{2}}{2} = \dfrac{\sqrt{2}}{2}$

22 三角比の拡張 (pp.46〜47)

1 (1) $\sin 120° = \dfrac{\sqrt{3}}{2}$, $\cos 120° = -\dfrac{1}{2}$

(2) $\sin 150° = \dfrac{1}{2}$, $\cos 150° = -\dfrac{\sqrt{3}}{2}$

(3) $\sin 90° = 1$, $\cos 90° = 0$

(4) $\sin 180° = 0$, $\cos 180° = -1$

2 (1) 0.4067 (2) -0.9135

(3) -0.4452 (4) 0.9135

(5) -0.4067

解説

(1)$\sin 156° = \sin(180° - 24°) = \sin 24° = 0.4067$

(2)$\cos 156° = \cos(180° - 24°) = -\cos 24° = -0.9135$

(3)$\tan 156° = \tan(180° - 24°) = -\tan 24° = -0.4452$

(4)$\sin 114° = \sin 66° = \cos 24° = 0.9135$

(5)$\cos 114° = -\cos 66° = -\sin 24° = -0.4067$

3 (1) $\sin\theta = \dfrac{2\sqrt{5}}{5}$, $\cos\theta = -\dfrac{\sqrt{5}}{5}$

(2) $\cos\theta = \pm\dfrac{2\sqrt{2}}{3}$, $\tan\theta = \pm\dfrac{\sqrt{2}}{4}$

（複号同順）

解説

(1)$\cos^2\theta = \dfrac{1}{1 + \tan^2\theta} = \dfrac{1}{1 + 4} = \dfrac{1}{5}$

$0° \leqq \theta \leqq 180°$, $\tan\theta = -2 < 0$ より, $\cos\theta < 0$ だから,

$\cos\theta = -\sqrt{\dfrac{1}{5}} = -\dfrac{\sqrt{5}}{5}$

$\sin\theta = \tan\theta\cos\theta = -2 \cdot \left(-\dfrac{\sqrt{5}}{5}\right) = \dfrac{2\sqrt{5}}{5}$

(2)$\cos^2\theta = 1 - \left(\dfrac{1}{3}\right)^2 = 1 - \dfrac{1}{9} = \dfrac{8}{9}$

$0° \leqq \theta \leqq 180°$ では, $-1 \leqq \cos\theta \leqq 1$ だから,

$\cos\theta = \pm\sqrt{\dfrac{8}{9}} = \pm\dfrac{2\sqrt{2}}{3}$

$\tan\theta = \dfrac{\sin\theta}{\cos\theta} = \dfrac{1}{3} \div \left(\pm\dfrac{2\sqrt{2}}{3}\right) = \pm\dfrac{\sqrt{2}}{4}$ （複号同順）

Point

三角比の相互関係（本冊 p.44「要点整理」）は,

$0° \leqq \theta \leqq 180°$ のときにも成り立つ。

4 (1) 0 (2) 1

解説

(1)$\sin 130° + \cos 140° + \tan 160° + \tan 20°$

$= \sin 50° + (-\cos 40°) + (-\tan 20°) + \tan 20°$

$= \sin 50° - \sin 50° - \tan 20° + \tan 20° = 0$

(2)$\sin 115° \sin 65° - \cos 65° \cos 115°$

$= \sin 65° \times \sin 65° - \cos 65° \times (-\cos 65°)$

$= \sin^2 65° + \cos^2 65° = 1$

5 $A = 90°$ または $B = 90°$ の直角三角形

解説

$A + B + C = 180°$ より, $A + C = 180° - B$

よって, 条件式の右辺は,

$-\cos(A + C) = -\cos(180° - B) = \cos B$

となるので, 条件式は,

$\sin A \cos B = \cos B$　$\cos B(\sin A - 1) = 0$

$\cos B = 0$ または $\sin A = 1$

$\cos B = 0$ のとき, $B = 90°$

$\sin A = 1$ のとき, $A = 90°$ であるから, 三角形は

$A = 90°$ または $B = 90°$ の直角三角形である。

23 三角比の応用 ① (pp.48〜49)

1 (1)(左辺) $= 1 + \tan^2 A = \dfrac{1}{\cos^2 A}$

(右辺) $= \dfrac{1}{\cos^2(180° - A)}$

$= \dfrac{1}{(-\cos A)^2} = \dfrac{1}{\cos^2 A}$

よって,（左辺）=（右辺）が成り立つ。

(2)(左辺) $= \dfrac{1}{\cos A} + \dfrac{\cos(180° - A)}{1 - \sin A}$

$= \dfrac{1 - \sin A - \cos^2 A}{\cos A(1 - \sin A)}$

$= \dfrac{-\sin A + \sin^2 A}{\cos A(1 - \sin A)}$

$= \dfrac{-\sin A(1 - \sin A)}{\cos A(1 - \sin A)}$

$= \dfrac{-\sin A}{\cos A} = -\tan A$

(右辺) $= \tan(180° - A) = -\tan A$

よって,（左辺）=（右辺）が成り立つ。

21

2 (1)60° (2)15° (3)75°

解説

(1)$\sqrt{3}\,x-y=0$ より，$y=\sqrt{3}\,x$
　傾きは $\sqrt{3}$ だから，$\tan\theta=\sqrt{3}$
　よって，$\theta=60°$

(2)$x-y+2=0$ より，$y=x+2$
　傾きは 1 だから，x 軸となす角を θ_1 とすると，
　$\tan\theta_1=1$　よって，$\theta_1=45°$
　また，直線 $\sqrt{3}\,x-y=0$ が x 軸となす角を θ_2 とすると，(1)より，$\theta_2=60°$
　よって，$\theta=60°-45°=15°$

(3)$x-\sqrt{3}\,y=0$ より，$y=\dfrac{1}{\sqrt{3}}x$
　傾きは $\dfrac{1}{\sqrt{3}}$ だから，x 軸となす角を θ_1 とすると，
　$\tan\theta_1=\dfrac{1}{\sqrt{3}}$　よって，$\theta_1=30°$
　また，$x+y=3$ より，$y=-x+3$
　傾きは -1 だから，x 軸となす角を θ_2 とすると，
　$\tan\theta_2=-1$，$\theta_2=135°$
　よって，$\theta=180°-(135°-30°)=75°$

3 $\dfrac{\sqrt{6}-\sqrt{2}}{4}$

解説

直角三角形 ABC において，
AC：AB：BC $=1：2：\sqrt{3}$ だから，
AB $=2$，BC $=\sqrt{3}$
また，$\angle$DAB $=\angle$ADB $=15°$ より，
DB $=$ AB $=2$

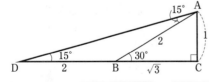

これより，AD $=\sqrt{1^2+(2+\sqrt{3}\,)^2}\fallingdotseq\sqrt{8+4\sqrt{3}}$
$=\sqrt{8+2\sqrt{12}}=\sqrt{6}+\sqrt{2}$

よって，$\sin15°=\dfrac{\text{AC}}{\text{AD}}=\dfrac{1}{\sqrt{6}+\sqrt{2}}=\dfrac{\sqrt{6}-\sqrt{2}}{4}$

4 $\dfrac{\sqrt{5}+1}{4}$

解説

右の図のように，△ABC，
△BDC はともに頂角が $36°$ の
二等辺三角形であるから，相似
である。
よって，AD $=$ BD $=$ BC $=x$
とおくと，
AB：BD $=$ BC：DC より，
$1：x=x：(1-x)$
これより，$x^2+x-1=0$
$x>0$ だから，AD $=x=\dfrac{-1+\sqrt{5}}{2}$

D から AB に垂線 DE を下ろすと，E は AB の中点
となるから，AE $=\dfrac{1}{2}$
したがって，
$\cos36°=\dfrac{\text{AE}}{\text{AD}}=\dfrac{1}{-1+\sqrt{5}}=\dfrac{\sqrt{5}+1}{4}$

(図)

24 三角比の応用 ②　(pp.50～51)

1 (1)$\theta=30°$，$150°$
　　(2)$\theta=150°$
　　(3)$\theta=45°$

解説

(1)
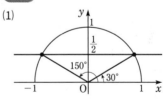

(2)
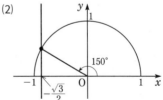

(3)
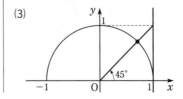

2 (1) $0° \leqq \theta < 120°$
(2) $0° \leqq \theta < 60°$, $120° < \theta \leqq 180°$
(3) $30° \leqq \theta < 90°$

解説

(1)
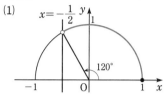

(2)
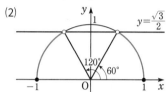

(3)
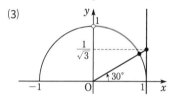

Point

不等式を満たす角の範囲を調べるときは，図(単位円)をかいて考える。

3 $\theta = 30°$, $90°$, $150°$

解説

$\cos^2\theta = 1 - \sin^2\theta$ より，

$2(1 - \sin^2\theta) + 3\sin\theta - 3 = 0$

$2\sin^2\theta - 3\sin\theta + 1 = 0$

$(\sin\theta - 1)(2\sin\theta - 1) = 0$

よって，$\sin\theta = 1$, $\dfrac{1}{2}$

$\sin\theta = 1$ のとき，$\theta = 90°$

$\sin\theta = \dfrac{1}{2}$ のとき，$\theta = 30°$, $150°$

Point

$\sin\theta$，$\cos\theta$ の混じった式
$\rightarrow$ $\sin^2\theta + \cos^2\theta = 1$ を使って，$\sin\theta$，$\cos\theta$ だけの式に変形。

4 $0° \leqq \theta < 30°$, $150° < \theta \leqq 180°$

解説

$3\sin\theta - 1 < 1 - 2\sin^2\theta$ より，

$2\sin^2\theta + 3\sin\theta - 2 < 0$

$(\sin\theta + 2)(2\sin\theta - 1) < 0$

ここで，$0° \leqq \theta \leqq 180°$ のとき $0 \leqq \sin\theta \leqq 1$ であるから，$\sin\theta + 2 > 0$

よって，$2\sin\theta - 1 < 0$

$\sin\theta < \dfrac{1}{2}$

これを満たす θ の
範囲は，
$0° \leqq \theta < 30°$,
$150° < \theta \leqq 180°$

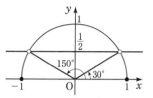

5 最大値 $\dfrac{1}{4}$ ($\theta = 120°$ のとき)
最小値 -2 ($\theta = 0°$ のとき)

解説

$y = \sin^2\theta - \cos\theta - 1$

$= 1 - \cos^2\theta - \cos\theta - 1 = -\cos^2\theta - \cos\theta$

ここで，$\cos\theta = t$ とおくと，

$y = -t^2 - t = -\left(t + \dfrac{1}{2}\right)^2 + \dfrac{1}{4}$ となり，

$0° \leqq \theta \leqq 180°$ であるから $-1 \leqq t \leqq 1$

したがって，y は $t = -\dfrac{1}{2}$ のとき，すなわち，

$\theta = 120°$ のとき最大で，最大値は $\dfrac{1}{4}$

また，$t = 1$ のとき，すなわち，$\theta = 0°$ のとき y は最小で，最小値は -2 である。

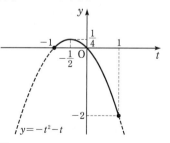

Point

$\sin\theta = t$，$\cos\theta = t$ などとおき換えたときは t の範囲に注意する。

25 正弦定理と余弦定理　(pp.52〜53)

1　(1) $c=2$　(2) $R=\sqrt{2}$

解説

(1)正弦定理より，$\dfrac{b}{\sin B}=\dfrac{c}{\sin C}$　$\dfrac{\sqrt{6}}{\sin 60^\circ}=\dfrac{c}{\sin 45^\circ}$

よって，$c=\dfrac{\sqrt{6}}{\dfrac{\sqrt{3}}{2}}\cdot\dfrac{\sqrt{2}}{2}=2$

(2)正弦定理より，$\dfrac{b}{\sin B}=2R$

よって，$R=\dfrac{\sqrt{6}}{\dfrac{\sqrt{3}}{2}}\cdot\dfrac{1}{2}=\sqrt{2}$

2　(1) $a=7$　(2) $A=60^\circ$

解説

(1)余弦定理より，

$a^2=b^2+c^2-2bc\cos A=3^2+5^2-2\cdot3\cdot5\cdot\left(-\dfrac{1}{2}\right)$

$\quad=49$

これより，$a(>0)=7$

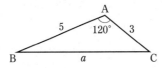

(2)余弦定理より，

$\cos A=\dfrac{b^2+c^2-a^2}{2bc}=\dfrac{8^2+3^2-7^2}{2\cdot8\cdot3}=\dfrac{24}{48}=\dfrac{1}{2}$

これより，$A=60^\circ$

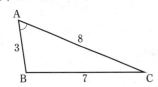

3　$\dfrac{1}{8}$

解説

正弦定理より，

$a:b:c=\sin A:\sin B:\sin C=4:5:6$ であるから，

$a=4k,\ b=5k,\ c=6k\ (k>0)$ とおくと，最大辺は c であるから，最大角は C である。

余弦定理より，

$\cos\theta=\cos C=\dfrac{(4k)^2+(5k)^2-(6k)^2}{2\cdot4k\cdot5k}=\dfrac{5k^2}{40k^2}=\dfrac{1}{8}$

4　$x=2\sqrt{6}$ ，$\theta=60^\circ$

解説

余弦定理より，

$x^2=6^2+(3\sqrt{2}+\sqrt{6})^2-2\cdot6\cdot(3\sqrt{2}+\sqrt{6})\cdot\dfrac{\sqrt{2}}{2}$

$=36+(24+12\sqrt{3})-(36+12\sqrt{3})=24$

よって，$x(>0)=2\sqrt{6}$

次に，正弦定理より，$\dfrac{6}{\sin\theta}=\dfrac{2\sqrt{6}}{\sin 45^\circ}$

これより，$\sin\theta=\dfrac{\sqrt{3}}{2}$　$\theta=60^\circ,\ 120^\circ$

ここで，$\theta=120^\circ$ とすると，$\angle C=15^\circ$ となり，

$\angle B>\angle C$ となるが，$AB>AC$ であるから，これは不適。よって，$\theta=60^\circ$

別解

後半でも余弦定理を用いて，

$\cos\theta=\dfrac{(3\sqrt{2}+\sqrt{6})^2+(2\sqrt{6})^2-6^2}{2\cdot(3\sqrt{2}+\sqrt{6})\cdot2\sqrt{6}}=\dfrac{12+12\sqrt{3}}{24+24\sqrt{3}}$

$=\dfrac{1}{2}$ より，$\theta=60^\circ$

5　7

解説

余弦定理より，

$\cos A=\dfrac{3^2+4^2-2^2}{2\cdot3\cdot4}=\dfrac{21}{24}=\dfrac{7}{8}$

$\sin A>0$ だから，

$\sin A=\sqrt{1-\dfrac{49}{64}}=\sqrt{\dfrac{15}{64}}=\dfrac{\sqrt{15}}{8}$

$\tan A=\dfrac{\sin A}{\cos A}=\dfrac{\sqrt{15}}{8}\div\dfrac{7}{8}=\dfrac{\sqrt{15}}{7}$

よって，$\dfrac{\sqrt{15}}{\tan A}=\sqrt{15}\div\dfrac{\sqrt{15}}{7}=7$

6　$CA=\sqrt{3}$ ，$\cos A=\dfrac{4\sqrt{3}}{9}$ ，$\cos C=-\dfrac{\sqrt{3}}{6}$

解説

余弦定理より，$CA^2=2^2+3^2-2\cdot2\cdot3\cdot\dfrac{5}{6}=3$

$CA>0$ より，$CA=\sqrt{3}$

$\cos A=\dfrac{3^2+(\sqrt{3})^2-2^2}{2\cdot3\cdot\sqrt{3}}=\dfrac{8}{6\sqrt{3}}=\dfrac{4\sqrt{3}}{9}$

$\cos C=\dfrac{2^2+(\sqrt{3})^2-3^2}{2\cdot2\cdot\sqrt{3}}=\dfrac{-2}{4\sqrt{3}}=-\dfrac{\sqrt{3}}{6}$

26 平面図形への応用 ①　(pp.54〜55)

1 (1) $\dfrac{7}{8}$　(2) $\dfrac{\sqrt{15}}{8}$　(3) $\dfrac{3\sqrt{15}}{4}$　(4) $\dfrac{\sqrt{15}}{6}$

(5) $\dfrac{8\sqrt{15}}{15}$

解説

(1)余弦定理より,

$$\cos A=\frac{3^2+4^2-2^2}{2\cdot3\cdot4}=\frac{21}{24}=\frac{7}{8}$$

(2)$\sin A>0$ だから,

$$\sin A=\sqrt{1-\frac{49}{64}}=\sqrt{\frac{15}{64}}=\frac{\sqrt{15}}{8}$$

(3)$S=\dfrac{1}{2}\cdot4\cdot3\cdot\dfrac{\sqrt{15}}{8}=\dfrac{3\sqrt{15}}{4}$

別解

ヘロンの公式より, $s=\dfrac{2+3+4}{2}=\dfrac{9}{2}$ だから,

$$S=\sqrt{\frac{9}{2}\left(\frac{9}{2}-2\right)\left(\frac{9}{2}-3\right)\left(\frac{9}{2}-4\right)}=\frac{3\sqrt{15}}{4}$$

(4)$r=2\cdot\dfrac{3\sqrt{15}}{4}\div(2+3+4)=\dfrac{\sqrt{15}}{6}$

(5)正弦定理より, $\dfrac{a}{\sin A}=2R$

よって, $R=\dfrac{2}{2\cdot\dfrac{\sqrt{15}}{8}}=\dfrac{8\sqrt{15}}{15}$

2 (1) $120°$　(2) $\dfrac{15\sqrt{3}}{4}$　(3) $\dfrac{15}{8}$

解説

(1)余弦定理より,

$$\cos A=\frac{5^2+3^2-7^2}{2\cdot5\cdot3}=\frac{-15}{30}=-\frac{1}{2}$$

よって, $\angle BAC=120°$

(2)$S=\dfrac{1}{2}\cdot5\cdot3\cdot\sin120°=\dfrac{15\sqrt{3}}{4}$

(3)$AD=x$ とおくと, $\angle BAD=\angle CAD=60°$ より,

$$\triangle ABD=\frac{1}{2}\cdot5\cdot x\cdot\sin60°=\frac{5\sqrt{3}}{4}x$$

$$\triangle ACD=\frac{1}{2}\cdot3\cdot x\cdot\sin60°=\frac{3\sqrt{3}}{4}x$$

$\triangle ABD+\triangle ACD=\triangle ABC$ であるから,

$$\frac{5\sqrt{3}}{4}x+\frac{3\sqrt{3}}{4}x=\frac{15\sqrt{3}}{4}\quad 8x=15\quad x=\frac{15}{8}$$

3 (1) $\dfrac{21\sqrt{3}}{2}$　(2) $\sqrt{43}$　(3) $\dfrac{\sqrt{129}}{3}$

解説

(1)$S=\dfrac{1}{2}\cdot6\cdot7\cdot\sin60°=\dfrac{21\sqrt{3}}{2}$

(2)余弦定理より, $BC^2=6^2+7^2-2\cdot6\cdot7\cdot\cos60°=43$

$BC>0$ より, $BC=\sqrt{43}$

(3)正弦定理より, $\dfrac{\sqrt{43}}{\sin60°}=2R$

よって, $R=\dfrac{\sqrt{43}}{2\cdot\dfrac{\sqrt{3}}{2}}=\dfrac{\sqrt{129}}{3}$

27 平面図形への応用 ②　(pp.56〜57)

1 (1) $60°$　(2) $\sqrt{7}$　(3) 1　(4) $\dfrac{5\sqrt{3}}{4}$　(5) $\dfrac{5\sqrt{7}}{7}$

解説

(1)$\angle ABC+\angle ADC=180°$ だから,

$\angle ADC=180°-120°=60°$

(2)$\triangle ABC$ で余弦定理より,

$AC^2=1^2+2^2-2\cdot1\cdot2\cdot\cos120°=7$

$AC>0$ より, $AC=\sqrt{7}$

(3)$AD=x$ として, $\triangle ACD$ で余弦定理より,

$3^2+x^2-2\cdot3\cdot x\cdot\cos60°=(\sqrt{7})^2$

これより, $x^2-3x+2=0\quad (x-1)(x-2)=0$

ここで, $AD<BC=2$ であるから, $x=1$

(4)四角形 $ABCD=\triangle ABC+\triangle ACD$

$$=\frac{1}{2}\cdot2\cdot1\cdot\sin120°+\frac{1}{2}\cdot3\cdot1\cdot\sin60°$$

$$=\frac{\sqrt{3}}{2}+\frac{3\sqrt{3}}{4}=\frac{5\sqrt{3}}{4}$$

(5)$\angle BCD=\theta$, $\angle BAD=180°-\theta$, $BD=y$ とおく。

$\triangle BCD$ で余弦定理より,

$y^2=2^2+3^2-2\cdot2\cdot3\cdot\cos\theta=13-12\cos\theta$

また, $\triangle BAD$ で余弦定理より,

$y^2=1^2+1^2-2\cdot1\cdot1\cdot\cos(180°-\theta)=2+2\cos\theta$

これより, $13-12\cos\theta=2+2\cos\theta$

$\cos\theta=\dfrac{11}{14}$

よって, $y^2=2+2\cos\theta=2+2\cdot\dfrac{11}{14}=\dfrac{25}{7}$

$y>0$ より, $BD(=y)=\sqrt{\dfrac{25}{7}}=\dfrac{5\sqrt{7}}{7}$

2 (1) $\sqrt{39}$ (2) 2 (3) $\dfrac{45\sqrt{3}}{4}$ (4) $\dfrac{15\sqrt{39}}{13}$

解説

(1)△BCD で余弦定理より，

$BD^2 = 7^2 + 5^2 - 2 \cdot 7 \cdot 5 \cdot \cos 60°$
$= 39$

$BD > 0$ より，$BD = \sqrt{39}$

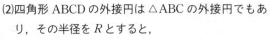

(2)$AB = x$ とおく。

∠BAD $= 120°$ だから，

△ABD で余弦定理より，

$x^2 + 5^2 - 2 \cdot x \cdot 5 \cdot \cos 120° = (\sqrt{39})^2$

$x^2 + 5x - 14 = 0$

$(x+7)(x-2) = 0$

$x > 0$ より，$x = 2$

(3)四角形 ABCD $= △ABD + △BCD$

$= \dfrac{1}{2} \cdot 2 \cdot 5 \cdot \sin 120° + \dfrac{1}{2} \cdot 5 \cdot 7 \cdot \sin 60°$

$= \dfrac{5\sqrt{3}}{2} + \dfrac{35\sqrt{3}}{4} = \dfrac{45\sqrt{3}}{4}$

(4)∠ABC $= \theta$，∠ADC $= 180° - \theta$，$AC = y$ とおく。

△ABC で余弦定理より，

$y^2 = 2^2 + 7^2 - 2 \cdot 2 \cdot 7 \cdot \cos\theta = 53 - 28\cos\theta$

また，△ADC で余弦定理より，

$y^2 = 5^2 + 5^2 - 2 \cdot 5 \cdot 5 \cdot \cos(180° - \theta) = 50 + 50\cos\theta$

これより，$53 - 28\cos\theta = 50 + 50\cos\theta$

$\cos\theta = \dfrac{1}{26}$

よって，$y^2 = 50 + 50\cos\theta = \dfrac{675}{13}$

$y > 0$ より，$AC(=y) = \sqrt{\dfrac{675}{13}} = \dfrac{15\sqrt{39}}{13}$

3 (1) $\sqrt{13}$ (2) $\sqrt{26}$

解説

∠DAB $=$ ∠BCD $= 90°$ だから，
四角形 ABCD は円に
内接し，BD は円の直径である
ことに注意する。

(1)△ABC で余弦定理より，

$AC^2 = 5^2 + (3\sqrt{2})^2 - 2 \cdot 5 \cdot 3\sqrt{2} \cdot \cos 45° = 13$

$AC > 0$ より，$AC = \sqrt{13}$

(2)四角形 ABCD の外接円は△ABC の外接円でもあり，その半径を R とすると，

正弦定理より，

$BD = 2R = \dfrac{AC}{\sin B} = \dfrac{\sqrt{13}}{\dfrac{\sqrt{2}}{2}} = \sqrt{26}$

Point

図形の問題では

・できるだけ正確な図をかいてみること。

・式の計算だけでなく，図形的考察も忘れずに。

28 空間図形への応用 (pp.58〜59)

1 (1) $OM = CM = 2\sqrt{3}$ (2) $\dfrac{1}{3}$ (3) $4\sqrt{2}$

(4) $\dfrac{16\sqrt{2}}{3}$

解説

(1)△OAB は正三角形だから，$OM \perp AB$

$OM = \dfrac{\sqrt{3}}{2}OA = 2\sqrt{3}$

△CAB についても同様に，$CM = 2\sqrt{3}$

(2)△OMC で余弦定理より，

$\cos\alpha = \dfrac{(2\sqrt{3})^2 + (2\sqrt{3})^2 - 4^2}{2 \cdot 2\sqrt{3} \cdot 2\sqrt{3}} = \dfrac{8}{24} = \dfrac{1}{3}$

(3)$\sin\alpha > 0$ より，

$\sin\alpha = \sqrt{1 - \left(\dfrac{1}{3}\right)^2} = \sqrt{\dfrac{8}{9}} = \dfrac{2\sqrt{2}}{3}$

$△OMC = \dfrac{1}{2} \cdot 2\sqrt{3} \cdot 2\sqrt{3} \cdot \dfrac{2\sqrt{2}}{3} = 4\sqrt{2}$

(4)$OM \perp AB$，$CM \perp AB$ より，△OMC $\perp AB$

したがって，正四面体 OABC は△OMC を底面とし，高さがそれぞれ AM，BM である2つの三角錐に分けることができる。

体積は，$\dfrac{1}{3} \cdot △OMC \cdot AM + \dfrac{1}{3} \cdot △OMC \cdot BM$

$= \dfrac{1}{3} \cdot △OMC \cdot AB = \dfrac{1}{3} \cdot 4\sqrt{2} \cdot 4 = \dfrac{16\sqrt{2}}{3}$

Point

正四面体の体積

→対称面で切って2つの三角錐に分ける。

2 (1) $\text{BD}=5$, $\text{BG}=2\sqrt{5}$, $\text{GD}=\sqrt{13}$

(2) $\sqrt{61}$

(3) $\dfrac{12\sqrt{61}}{61}$

解説

(1) $\text{BD}=\sqrt{3^2+4^2}=\sqrt{25}=5$

$\text{BG}=\sqrt{2^2+4^2}=\sqrt{20}=2\sqrt{5}$

$\text{GD}=\sqrt{2^2+3^2}=\sqrt{13}$

(2) $\triangle \text{BGD}$ において，$\angle \text{DBG}=\alpha$ とおくと，余弦定理より，

$\cos\alpha$

$=\dfrac{5^2+(2\sqrt{5})^2-(\sqrt{13})^2}{2\cdot 5\cdot 2\sqrt{5}}$

$=\dfrac{32}{20\sqrt{5}}=\dfrac{8}{5\sqrt{5}}$

$\sin\alpha>0$ より，

$\sin\alpha=\sqrt{1-\left(\dfrac{8}{5\sqrt{5}}\right)^2}=\sqrt{\dfrac{61}{125}}=\dfrac{\sqrt{61}}{5\sqrt{5}}$

よって，$\triangle \text{BGD}$ の面積は，

$\dfrac{1}{2}\cdot 5\cdot 2\sqrt{5}\cdot \dfrac{\sqrt{61}}{5\sqrt{5}}=\sqrt{61}$

(3) CP は三角錐 BCDG において，$\triangle \text{BGD}$ を底面と見たときの高さにあたるから，

$\text{CP}=(三角錐 \text{BCDG} の体積)\times 3\div \triangle \text{BGD}$

$=4\times 3\div \sqrt{61}=\dfrac{12\sqrt{61}}{61}$

---

3 (1) $\dfrac{\sqrt{3}}{3}$

(2) $\dfrac{\sqrt{6}}{3}$

(3) 体積$\cdots\dfrac{\sqrt{2}}{12}$，球の半径$\cdots\dfrac{\sqrt{6}}{12}$

解説

(1) $\triangle \text{AMD}$ において，

$\text{AM}=\text{DM}=\dfrac{\sqrt{3}}{2}\text{AB}=\dfrac{\sqrt{3}}{2}$ であるから，余弦定理より，

$\cos\theta=\dfrac{1^2+\left(\dfrac{\sqrt{3}}{2}\right)^2-\left(\dfrac{\sqrt{3}}{2}\right)^2}{2\cdot 1\cdot\dfrac{\sqrt{3}}{2}}=\dfrac{1}{\sqrt{3}}=\dfrac{\sqrt{3}}{3}$

(2) $\text{DH}=\text{AD}\cos\theta=1\cdot\dfrac{\sqrt{3}}{3}=\dfrac{\sqrt{3}}{3}$

$\text{AH}=\sqrt{1-\left(\dfrac{\sqrt{3}}{3}\right)^2}$

$=\sqrt{\dfrac{2}{3}}=\dfrac{\sqrt{6}}{3}$

(3) $\triangle \text{BCD}$ の面積は，

$\dfrac{1}{2}\cdot 1\cdot\dfrac{\sqrt{3}}{2}=\dfrac{\sqrt{3}}{4}$

よって，正四面体 ABCD の体積は，

$\dfrac{1}{3}\cdot\dfrac{\sqrt{3}}{4}\cdot\dfrac{\sqrt{6}}{3}=\dfrac{\sqrt{2}}{12}$

また，正四面体の内接球の中心を O としたとき，正四面体の体積は，三角錐 OABC，三角錐 OACD，三角錐 OABD，三角錐 OBCD の体積の和に等しい。

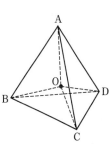

よって，正四面体の内接球の半径を r とすると，

$\dfrac{1}{3}\cdot\triangle \text{ABC}\cdot r+\dfrac{1}{3}\cdot\triangle \text{ACD}\cdot r+\dfrac{1}{3}\cdot\triangle \text{ABD}\cdot r$

$\quad+\dfrac{1}{3}\cdot\triangle \text{BCD}\cdot r$

$=\dfrac{\sqrt{2}}{12}$

$\dfrac{1}{3}\cdot\dfrac{\sqrt{3}}{4}\cdot 4\cdot r=\dfrac{\sqrt{2}}{12}$

$\dfrac{\sqrt{3}}{3}r=\dfrac{\sqrt{2}}{12}$

$r=\dfrac{\sqrt{6}}{12}$

第5章 データの分析

29 データの散らばりの大きさ (pp.60〜61)

1 (1) 28

x	26	32	25	23	30	32	21	34	28	29
$x-\overline{x}$	-2	4	-3	-5	2	4	-7	6	0	1
$(x-\overline{x})^2$	4	16	9	25	4	16	49	36	0	1

(2) 16　(3) 4

解説

(1) $\overline{x}$

$$= \frac{1}{10}(26+32+25+23+30+32+21+34+28+29)$$

$$= 28$$

(2) $s^2 = \frac{1}{10}(4+16+9+25+4+16+49+36+0+1)$

$$= 16$$

(3) $s = \sqrt{16} = 4$

2 8, 200

解説

得点のデータ 7, 4, 10, 1, 7, 3, 10, 6, 4, 8 の和は 60 であるから，平均は 6 である。分散を s^2 とすると，

$s^2 = \{(7-6)^2 + (4-6)^2 + (10-6)^2 + (1-6)^2 + (7-6)^2$
$\qquad + (3-6)^2 + (10-6)^2 + (6-6)^2 + (4-6)^2$
$\qquad + (8-6)^2\} \div 10$

$\quad = 8$

得点のデータ x を $y=5x$ の式で変換した得点のデータ y は 35, 20, 50, 5, 35, 15, 50, 30, 20, 40 であり，その和は 300 であるから，平均は 30 である。分散を s'^2 とすると，

$s'^2 = \{(35-30)^2 + (20-30)^2 + (50-30)^2 + (5-30)^2$
$\qquad + (35-30)^2 + (15-30)^2 + (50-30)^2 + (30-30)^2$
$\qquad + (20-30)^2 + (40-30)^2\} \div 10$

$\quad = 200$

別解

a, b を定数とする。変量 x のデータから $y=ax+b$ によって新しい変量 y のデータが得られるとき，x, y の分散をそれぞれ $s_x{}^2$, $s_y{}^2$ とすると，$s_y{}^2 = a^2 s_x{}^2$ である。

変量 x のデータ 7, 4, 10, 1, 7, 3, 10, 6, 4, 8 から $y=5x$ によって新しい変量 y のデータ 35, 20, 50, 5, 35, 15, 50, 30, 20, 40 が得られるので，

$s'^2 = 5^2 s^2 = 25 \times 8 = 200$ が成り立つ。

Point

変量の変換

a, b を定数とする。変量 x のデータから $y=ax+b$ によって新しい変量 y のデータが得られるとき，x, y のデータの**平均値**をそれぞれ $\overline{x}$, $\overline{y}$，**分散**をそれぞれ $s_x{}^2$, $s_y{}^2$，**標準偏差**をそれぞれ s_x, s_y とすると，

$\overline{y} = a\overline{x} + b$, $s_y{}^2 = a^2 s_x{}^2$, $s_y = |a| s_x$

である。

3 2.5

解説

生徒 20 人の平均値は

$$\frac{6 \times 15 + 5 + 3 + 9 + 7 + 6}{15 + 5} = 6 (点)$$

生徒 15 人のデータの値を x_1, x_2, ……, x_{15} とする。

$$\frac{1}{15}(x_1{}^2 + x_2{}^2 + \cdots\cdots + x_{15}{}^2) - 6^2 = 2$$

$$x_1{}^2 + x_2{}^2 + \cdots\cdots + x_{15}{}^2 = 15 \times (2+36) = 570$$

よって，生徒 20 人の分散は

$$\frac{1}{20}(570 + 5^2 + 3^2 + 9^2 + 7^2 + 6^2) - 6^2 = 38.5 - 36 = 2.5$$

4 (1) 9　(2) 14

解説

(1) データを小さい順に並べると，

14, 18, 28, 30, 31, 32, 34, 36, 37, 38, 39, 43, 47, 49

第 1 四分位数は 30，第 3 四分位数は 39 だから，四分位範囲は，$39 - 30 = 9$

(2) 外れ値は，$30 - 1.5 \times 9 = 16.5$ 以下の値，または，$39 + 1.5 \times 9 = 52.5$ 以上の値だから，外れ値は 14

30 データの相関と仮説検定の考え方 (pp.62〜63)

> **1** 0.8

解説

$r = \dfrac{s_{xy}}{s_x s_y}$ に $r = 0.2$, $s_{xy} = a$, $s_x = \sqrt{2}$, $s_y = 2\sqrt{2}$ を

代入すると,

$$0.2 = \dfrac{a}{\sqrt{2} \cdot 2\sqrt{2}}$$

$a = 0.8$

> **2** -0.125

解説

ゲーム X の標準偏差は, $\sqrt{2304} = 48$

ゲーム Y の標準偏差は, $\sqrt{1600} = 40$

変量 x と変量 y の共分散は

$\dfrac{1}{5}\{(250 - 166)(180 - 160) + (110 - 166)(220 - 160)$

$\qquad + (170 - 166)(100 - 160) + (130 - 166)(140 - 160)$

$\qquad + (170 - 166)(160 - 160)\}$

$= \dfrac{1}{5}(1680 - 3360 - 240 + 720 + 0) = -240$

よって, 変量 x と変量 y の相関係数は

$r = \dfrac{-240}{48 \times 40} = -\dfrac{1}{8} = -0.125$

> **3** 品質が向上したと判断してよい。

解説

主張に対する次の仮説を立てる。

仮説：「品質が向上した」と回答する場合と「品質が
　　　向上していない」と回答する場合のどちらの確
　　　率も $\dfrac{1}{2} = 0.5$ で起こる（まったくの偶然で起こ
　　　る）。

コイン投げの実験結果から, コインを 25 枚投げて表
が 18 枚以上出る場合の相対度数は

$\dfrac{5 + 3 + 1}{200} = \dfrac{9}{200} = 0.045$

つまり, 仮説のもとでは, 25 人中 18 人以上が「品質
が向上した」と回答する確率は 0.045 程度であると考
えられる。

これはあらかじめ決めた基準の 0.05 より小さいから,
仮説が正しくなかった可能性が高いと判断してよい。

つまり, 主張が正しいと判断してよいと考えられる。

3 ある大学の入学者のうち，他の a 大学，b 大学，c 大学を受験した者の集合を A，B，C で表す。

$n(A)=65$，　$n(B)=40$，　$n(A \cap B)=14$，　$n(A \cap C)=11$，

$n(A \cup C)=78$，　$n(B \cup C)=55$，　$n(A \cup B \cup C)=99$

のとき，次の問いに答えよ。ただし，$n(A)$ は A の要素の個数を表す。　　〔福井大〕

□(1)　c 大学を受験した者は何人か。

□(2)　a 大学，b 大学，c 大学のすべてを受験した者は何人か。

□(3)　a 大学，b 大学，c 大学のどれか1大学のみを受験した者は何人か。

□ **4** R大学の学生130名に電子メールの送受信方法をたずねたところ，携帯電話利用者60名，個人パソコン利用者40名，実習室パソコン利用者70名であった。

携帯電話および個人パソコンの利用者が15名，個人パソコンおよび実習室パソコンの利用者が15名，実習室パソコンおよび携帯電話の利用者が20名であった。この中には3種のすべてを使っている学生もおり，その人数が7の倍数であるとき，電子メールをまったく利用していない人は何名いるか。　　〔立教大〕

✔**Check** ｜ **3** $n(A \cup B \cup C)=n(A)+n(B)+n(C)-n(A \cap B)-n(B \cap C)-n(C \cap A)+n(A \cap B \cap C)$

4 3種のすべてを使っている学生の人数を x 名として，各部分の人数を x で表す。

2 場合の数

解答 ▶ 別冊 p.3

📝 POINTS

1 和の法則

同時に起こらない 2 つの事柄 A，Bについて，Aの起こる場合が m 通り，Bの起こる場合が n 通りであるとき，AまたはBのどちらかが起こる場合の数は，$(m+n)$ **通り**である。

2 積の法則

2 つの事柄 A，Bについて，Aの起こる場合が m 通り，そのそれぞれの場合に対してBの起こる場合がn 通りであるとき，AとBがともに起こる場合の数は，mn **通り**である。

□ **5** 70 から 500 までの整数の中で，各位の数字の和が 13 となる数は何個あるか。

〔日本工業大〕

□ **6** 5 つの数字 0，3，5，7，9 が 1 つずつ書いてある 5 枚のカードがある。この中から 3 枚ぬき出し，1 列に並べて 3 桁の整数を作る。このとき，500 より大きく，741 より小さい整数はいくつあるか。

〔東京電機大〕

□ **7** 5 個の数字 1，2，3，4，5 から異なる 3 個を取って 3 桁の自然数を作る。3 の倍数にも 5 の倍数にもならないものはいくつあるか。

〔佐賀大〕

✅**Check** | **5** 順に書き並べる。

6 百の位が 5 と 7 のときに分けて，積の法則を用いる。

7 5 を取り出さない場合と，5 を取り出す場合に分けて考える。

□ **8** 整数 700 の約数の中で，正の数でかつ偶数であるものの個数と，それらの総和を求めよ。

〔関西学院大〕

□ **9** 10 円硬貨 6 枚，100 円硬貨 4 枚，500 円硬貨 2 枚の全部または一部を使って支払える金額は何通りあるか。また，10 円硬貨 4 枚，100 円硬貨 6 枚，500 円硬貨 2 枚のときは何通りあるか。

〔神戸国際大〕

10 1 から 6 までの数字が 1 つずつ書かれた 6 枚のカードがある。6 枚のカードの中から 3 枚を取り出し，左から 1 列に並べる。並べたカードの数字を左から順に百の位，十の位，一の位とする 3 桁の整数を M とし，また右から順に百の位，十の位，一の位とする 3 桁の整数を N とする。

〔山口大〕

□(1) $M+N$ が 3 の倍数となるカードの並べ方の総数を求めよ。

□(2) $|M-N|<200$ を満たすカードの並べ方の総数を求めよ。

✔**Check** | **8** 700 を素因数分解して，偶数だから 2 が必ず含まれるような素因数のかけ方を考える。
9 500 円硬貨を 100 円硬貨に交換してから考えるとよい。
10 並べた数字を左から順に a，b，c とすると，$M=100a+10b+c$，$N=100c+10b+a$

3 順 列 ①

✐ POINTS

1 順 列

異なる n 個のものから r 個を取り出して1列に並べる順列の総数は,

$$_n\mathrm{P}_r = n(n-1)(n-2)\cdots\cdots(n-r+1) = \frac{n!}{(n-r)!}$$

特に, $_n\mathrm{P}_n = n(n-1)(n-2)\cdots\cdots\cdot3\cdot2\cdot1 = n!$ また, $0!=1$, $_n\mathrm{P}_0=1$ と定める。

☐ **11** 7個の数字1, 2, 3, 4, 5, 6, 7のうちの異なる4個の数字でできる4桁の整数の個数は ① であり, そのうち奇数であるものの個数は ② である。〔神奈川工科大〕

12 7つの数字1, 2, 3, 4, 5, 6, 7から同じ数字を繰り返し使わないで, 整数を作るとき, 次の問いに答えよ。〔島根大〕

☐(1) 5桁の偶数は何通りできるか。

☐(2) 1, 2, 3, 4のみを使ってできる4桁の整数すべての和を求めよ。

☐(3) 1, 2, 3, 4, 5, 6, 7を使ってできる4桁の整数すべての和を求めよ。

✅ **Check** | **11** ②一の位にくるのは4個の奇数で, 他の位は残り6個から3個取る順列と考える。

12 (2)(3) 1つの数字が1つの位にくる回数は, 残りの数字を残りの位に並べる総数に一致する。

6

13 文庫本3冊，B4判の本4冊，A4判の本3冊，あわせて10冊(内容はすべて異なる)の本がある。この10冊の本を本棚の同じ段に並べる。 〔神戸女子大〕

□(1) 高さを揃えるために同じサイズの本を隣り合うように並べるとき，異なる並べ方は何通りあるか。

□(2) 10冊の本の中からサイズの異なる本を1冊ずつ合計2冊持っていくとき，異なる選び方は何通りあるか。

14 男子4人，女子3人がいる。次の並び方は何通りあるか。 〔青山学院大〕

□(1) 男子が両端に来るように，7人が1列に並ぶ。

□(2) 女子が隣り合わないように，7人が1列に並ぶ。

□(3) 女子のうち2人だけが隣り合うように，7人が1列に並ぶ。

✓ Check | **13** (1) 3種類のサイズの配置と，各サイズ内での並べ方をそれぞれかけ合わせる。
14 (2) 男子4人を並べたあと，その間と両端の5か所から3か所を選んで，女子を配置する。

4 順列 ②

解答 ▶ 別冊 p.5

✐ POINTS

1 円順列

異なる n 個のものを円形に並べる円順列の総数は，$\dfrac{{}_n\mathrm{P}_n}{n}=(n-1)!$

2 重複順列

異なる n 個のものから，同じものを何度使ってもよいとして r 個を取り出して 1 列に並べる重複順列の総数は，n^r

---

15 両親と 4 人の子供(息子 2 人，娘 2 人)が手をつないで輪を作るとき，次の問いに答えよ。　　　　　　　　　　　　　　　　　　　　　　〔岐阜女子大〕

□(1)　6 人の並び方は全部で何通りあるか。

□(2)　両親が隣り合う並び方は何通りあるか。

□(3)　両親が正面に向き合う並び方は何通りあるか。

□(4)　男性と女性が交互に並ぶ並び方は何通りあるか。

✅**Check** │ **15** (3) 6 人の中で両親を向き合う位置に固定して，残り 4 か所に 4 人を配置する。

(4) 男性 3 人を円順列で配置して，男性の間 3 か所に女性 3 人を順列で配置する。男女逆でも同じになる。

16 私，兄，姉，父，母，祖父，祖母の7人が，円形のテーブルのまわりに座る。祖父の席を固定してその番号を1とし，残りの席に時計回りに2番から7番までの番号をふったときの座り方について考える。　　　　　　　　　　　　〔東京理科大〕

□(1)　座る位置に制約がないとき，座り方は全部で何通りあるか。

□(2)　母が5番の席に座るとき，座り方は全部で何通りあるか。

□(3)　母が5番の席に座り，祖父，祖母とも隣にその孫が1人以上座るとき，座り方は全部で何通りあるか。

17 n を自然数とする。同じ数字を繰り返し用いてもよいことにして，0，1，2，3の4つの数字を使って n 桁の整数を作る。ただし，0以外の数字から始まり，0を少なくとも1回以上使うものとする。　　　　　　　　　　　　　〔大阪公立大〕

□(1)　全部でいくつの整数ができるか。個数を n を用いて表せ。

□(2)　$n=5$ のとき，すべての整数を小さいものから順に並べる。ちょうど真ん中の位置にくる整数を求めよ。

✔ **Check**　│　**16** (3)祖母の座る位置によって，場合分けをする。
　　　　　　　　17 (1) n 桁の整数の個数から，0を使わないものの個数を除く。

5 順 列 ③

解答 ▶ 別冊 p.6

POINTS

1 同じものを含む順列

n 個のものがあって，そのうち p 個は同じもの，q 個は別の同じもの，r 個はさらに別の同じもの，……であるとき，これら全部を1列に並べる順列の総数は，

$$\frac{n!}{p!q!r!\cdots}$$ （ただし，$p+q+r+\cdots=n$）

☐ **18** MOTOYAMA の8文字を並べてできる順列について，順列は全部で ① 通りあり，それらのうち AA という並びを含むものは ② 通りある。 〔神戸薬科大〕

☐ **19** success という語の7文字を全部並べて得られる順列の数は ① であり，c が隣り合わないものの総数は ② である。また，c が両端にくる並び方の個数は ③ である。 〔西南学院大〕

✓ **Check** ┃ **18** 同じものを含む順列であり，②では AA を1文字として数える。
　　　　　19 ② ＝ ① －（c が隣り合うものの総数）

20 6個の数字 0, 1, 2, 2, 3, 3 の中から 4 個の数字を使ってできる 4 桁の整数について, 次の問いに答えよ。 〔宇都宮大─改〕

☐(1) このような整数はいくつあるか。

☐(2) このような整数を小さいほうから並べたときに, 2331 は何番目になるか。

21 座標平面の原点から出発し, x 軸または y 軸に平行に, 1 あるいは -1 ずつ進んでいく。 〔東京理科大─改〕

☐(1) 原点を出発して最短経路で $(3, 4)$ に行くとき, 経路は何通りあるか。

☐(2) 最短経路より 2 だけ長い経路で $(3, 4)$ に行くとき, 経路は何通りあるか。ただし, 同じ点(原点を含む)を 2 度通ってもよいとし, 一度 $(3, 4)$ に進んでから, 別の点に行き, 再び戻るのもよいとする。

✔**Check** │ **20** (1)何種類の数字を使うかに注目して, 場合分けする。
     21 1つ分の移動を, 右は→, 左は←, 上は↑, 下は↓で表す。

6 組合せ ①

POINTS

1 組合せ

異なる n 個のものから r 個を取り出す組合せの総数は,

$${}_n\mathrm{C}_r = \frac{n(n-1)(n-2)\cdots(n-r+1)}{r(r-1)(r-2)\cdots 3\cdot 2\cdot 1} = \frac{n!}{r!(n-r)!}$$

2 ${}_n\mathrm{C}_r$ の性質

$${}_n\mathrm{C}_r = {}_n\mathrm{C}_{n-r} \ (0 \leqq r \leqq n), \qquad {}_n\mathrm{C}_0 = 1$$

$${}_n\mathrm{C}_r = {}_{n-1}\mathrm{C}_{r-1} + {}_{n-1}\mathrm{C}_r \ (1 \leqq r \leqq n-1, \ n \geqq 2)$$

☐ **22** 正七角形の頂点と対角線の交点とて作られる三角形について, 3つの頂点がすべて正七角形の頂点であるような三角形の個数は ① 個である。また, 少なくとも2つの頂点が正七角形の頂点であるような三角形の個数は ② 個である。ただし, 正七角形において頂点以外で3つの対角線が1点で交わることはない。 〔東洋大〕

☐ **23** 52枚のトランプのカードから5枚のカードを選んだとき, ワンペア, すなわち2枚のカードが同じ数を持ち, 残りの3枚は他のカードと異なる数を持つという手ができる場合の数を a 通りとし, スリーカード(3枚が同じ数で, 残りの2枚は他のカードと異なる数を持つ)となる場合の数を b 通り, フルハウス(3枚が同じ数で, 残りの2枚が別の同じ数)となる場合の数を c 通りとする。このとき, $\dfrac{a}{b} = $ ① , $\dfrac{3b}{c} = $ ② となる。 〔明治大〕

✔ **Check** ┃ **22** 正七角形の対角線の交点の個数を正確に求める。

23 同じ数は各4枚ずつあるから, ワンペアのとき, 同じ数の選び方は $13 \times {}_4\mathrm{C}_2$ 通りある。

24 5人の生徒がそれぞれAとBの2つの部屋のいずれかにはいることになった。次の問いに答えよ。 〔北海道科学大〕

□(1) 一方の部屋に2人，他方の部屋に3人がはいるようなはいり方は，何通りあるか。

□(2) 各部屋にはいれる人数を指定しない場合，5人の生徒のはいり方は何通りあるか。ただし，全員が同じ部屋にはいってもよい。

25 n 個の異なったボールを，m 個の異なった箱に，どの箱の中にも少なくとも1つのボールがはいるように入れる。このような方法の総数を $N(n, m)$ とする。 〔岐阜大〕

□(1) $n \geqq 2$ のとき，$N(n, 2)$ を求めよ。

□(2) $n \geqq 3$ のとき，$N(n, 3)$ を求めよ。

✓**Check** │ **24** (2)全員が同じ部屋にはいってもよいから，各人2通りずつのはいり方がある。
25 (1)1個のボールの入れ方は2通り。(2)1個のボールの入れ方は3通り。

📝 **POINTS**

1 組分け

n 人を A 組に p 人，B 組に q 人，C 組に r 人の 3 組に分ける方法は，

$_n\mathrm{C}_p \cdot {}_{n-p}\mathrm{C}_q \cdot {}_{n-p-q}\mathrm{C}_r$ 通り

☐ **26** 男性 8 人，女性 3 人の中から，5 人を選んでチームを編成したい。このとき，チームの中に女性がちょうど 2 人含まれる選び方は ① 通りある。また，女性を 1 人も含まない編成は ② 通り存在し，少なくとも女性を 1 人含むチームの編成は ③ 通りある。

〔流通科学大〕

27 男子 8 人，女子 4 人の合わせて 12 人がいる。この 12 人を次のように分ける方法の総数は何通りあるか。

〔東京薬科大〕

☐(1) 男子 2 人，女子 1 人の 3 人で作られる 4 つのグループに分ける方法

☐(2) 男子 3 人のグループが 2 つ，男子 2 人女子 1 人のグループが 1 つ，女子 3 人のグループが 1 つになるように分ける方法

✅ **Check** | **26** ③＝(男女を問わずにチームを作る方法の総数)−②
27 (2)男子 3 人の 2 グループは，区別がつかないから，2 で割る。

□ **28**　1番から5番までの5つの設問からなる100点満点の試験の採点を行う。各設問の採点結果は，配点に対して満点，半分の点，0点の3段階とする。すべての設問を区別し，全設問の合計点が80点となる採点結果の場合の数を考える。その場合の数は，5つの設問の配点を各20点とするならば　①　通りであり，1番の配点を10点，2番から4番までの配点を各20点，5番の配点を30点とするならば　②　通りである。

〔南山大〕

□ **29**　a，b，c は0か1か2であり，さらに $a \leqq b \leqq c$ とする。$a+b+c$ が3の倍数となるときの a，b，c の組 (a, b, c) をすべて求めると，　①　となる。また，1から20までの整数の中から異なる3個の整数を選ぶとき，その和が3の倍数になる選び方は　②　通りある。

〔神戸薬科大〕

□ **30**　各クラスから男女の委員が1人ずつ選出され，5クラスで計10人の委員がいる。この10人の委員から5人を選ぶとき，同じクラスから選出された男女の委員のペアが1組以上含まれるような選び方は何通りあるか。

〔兵庫医科大〕

✓ **Check** │ **28** それぞれの配点のとき，80点になるにはどの設問が何点になればよいか考える。

29 後半の1から20までの異なる3個の数を3で割った余りを，a，b，c であるとすると，3個の整数の和が3の倍数になるような a，b，c の条件を考える。

30 同じクラスから選出された男女の組がまったくいないのは，$2^5 = 32$（通り）ある。

8 組合せ ③

✐ POINTS

1 重複組合せ

n 種類のものから重複を許して r 個取り出す組合せの総数は $_{n+r-1}C_r$ 通りである。このような組合せを，n 種類のものから r 個取り出す **重複組合せ** といい，総数を $_nH_r$ と表す。

31 赤玉 4 個，青玉 3 個，黄玉 2 個がある。次の問いに答えよ。 〔大阪学院大〕

□(1) すべての玉が互いに異なる大きさを持つ場合，9 個の玉から 3 個を選び出すときの選び方の総数を求めよ。

□(2) (1)の場合のうち，選び出した 3 個の中に赤玉が少なくとも 1 個はいっている選び方の総数を求めよ。

□(3) すべての玉が同じ大きさで，同じ色の玉は区別しない場合，9 個の玉から 3 個を選び出すときの選び方の総数を求めよ。

□(4) (3)の場合で，選び出した 3 個を異なる大きさの箱 3 つに 1 個ずつ入れる場合の数の総数を求めよ。

✔ **Check** | **31** (3)(4)同じ色が何個はいっているかで場合分けする。

32 次の問いに答えよ。ただし，同じ色の玉は区別できないものとし，空の箱があってもよいとする。 〔千葉大〕

□(1) 赤玉 10 個を区別できない 4 個の箱に分ける方法は何通りあるか求めよ。

□(2) 赤玉 10 個を区別できる 4 個の箱に分ける方法は何通りあるか求めよ。

□(3) 赤玉 6 個と白玉 4 個の合計 10 個を区別できる 4 個の箱に分ける方法は何通りあるか求めよ。

□ **33** X, Y, Z を -1 以上の整数とする。このとき，$X+Y+Z=16$ となる 3 つの数の組 (X, Y, Z) は全部で何通りあるか。 〔東京女子医科大〕

✔**Check** | **32** (2)(3) 4 個の箱で重複組合せを考える。

33 $x=X+1$, $y=Y+1$, $z=Z+1$ とおくと，$x+y+z=19$, $x≧0$, $y≧0$, $z≧0$ となり，x, y, z の 3 種類のものから，重複を許して 19 個とる重複組合せとなる。

✎ POINTS

1 事象

試行の結果として起こる事柄を**事象**といい，事象の最小単位を**根元事象**という。根元事象の全体からなる事象をその試行の**全事象**といい，Uで表す。

2 確率

全事象Uのどの根元事象も同様に確からしいとき，事象Aの起こる確率$P(A)$は，

$$P(A) = \frac{n(A)}{n(U)} = \frac{事象Aの起こる場合の数}{起こりうるすべての場合の数}$$

☐ **34** 2個のさいころを投げるとき，一方の目の数が他方の目の数の整数倍（1倍も含む）になる確率を求めよ。

〔酪農学園大〕

☐ **35** 3個のさいころ A，B，C を同時に投げて，A のさいころの目を百の位，B のさいころの目を十の位，C のさいころの目を一の位の数字として3桁の整数を作る。この整数が偶数になる確率は ① である。また，4の倍数になる確率は ② であり，9の倍数になる確率は ③ である。

〔神奈川工科大一改〕

✔ **Check** | **34** 条件を満たす目の組を書きあげる。

35 各位の数字の和が9の倍数のとき，その数は9の倍数である。

36 袋の中に，1から7までの数字を記入した7枚のカードがはいっている。この袋から1枚ずつ5枚を取り出し，それらを取り出した順に左から並べて5桁の整数をつくる。この整数が53000より大きい確率は ① である。また，偶数の数字と奇数の数字が交互に並んだ整数ができる確率は ② である。 〔福岡大〕

37 1から5までの数字を1つずつ書いた赤い札が5枚と，1から7までの数字を1つずつ書いた白い札が7枚，あわせて12枚の札がはいった袋がある。この袋から同時に4枚の札を取り出す。 〔神戸女子大〕

(1) 4枚の札が同じ色になる確率を求めよ。

(2) 4枚の札の数字が連続した数字になる確率を求めよ。

(3) 4枚の札が同じ色で，それらが連続した数字になる確率を求めよ。

✔**Check** | **36** 「偶数の数字と奇数の数字が交互に並ぶ」とは，1個おきの場所に偶数を並べたものと奇数を並べたものを配置する。
37 (2)連続する数字の組によって，色数が違うことに注意する。

10 確率の基本性質 ①

✏ POINTS

1 確率の基本性質
任意の事象Aに対して，$0 \leqq P(A) \leqq 1$

2 全事象と空事象の確率
全事象Uの確率　$P(U)=1$　　　空事象ϕの確率　$P(\phi)=0$

3 和事象の確率
事象A，Bが排反であるとき，AまたはBが起こる確率は，$P(A \cup B)=P(A)+P(B)$

38　1から5までの番号がついたカードが2枚ずつ合計10枚，箱の中にはいっていて，その中から4枚のカードを同時に取り出す。　　　　　　　　　〔北里大〕

□(1)　取り出されたカードの中に，5の番号が現れない確率を求めよ。

□(2)　番号がすべて異なる確率を求めよ。

□(3)　2枚ずつ同じ番号となる確率を求めよ。

□(4)　番号の合計が7以下になる確率を求めよ。

✅**Check**　| **38** (4)「4枚のカードで番号の合計が7以下」とは，{1, 1, 2, 2}か{1, 1, 2, 3}の組しかない。

□ **39**　部員が 6 人のクラブがあり，部費は 1 人あたり 500 円である。部費は 500 円玉 1 個で支払うか，千円札 1 枚を出して 500 円玉のつり銭をもらって支払うかのどちらかの方法を選ぶとする。各人がどちらの方法を選ぶかは，同様に確からしいとみなす。つり銭は部員の支払った 500 円でまかなうことにする。全部員が同時に部費を払ったとき，つり銭切れが起きる確率は　①　である。また，部員が 5 人の場合，その確率は　②　である。

〔慶應義塾大一改〕

□ **40**　16 人の選手がいて，4 人ずつ赤，白，青，黄のユニフォームを着ている。同じ色のユニフォームを着ている 4 人は，それぞれ赤，白，青，黄の帽子をかぶっている。今，16 人の選手から 4 人を無作為に選び出す。このとき，4 人が同じ色のユニフォームを着ている確率は　①　，4 人のそれぞれが同じ色のユニフォームと帽子を身につけている確率は　②　である。また，4 人のユニフォームの色が 2 色になる確率は　③　である。

〔北里大〕

✔ **Check** │ **39** つり銭切れが起きるのは，千円札で支払う者のほうが多いときである。
　　　　　　40 ②各人のユニフォームと帽子が同じ色という意味で，4 人ともそうなるのは 1 組しかない。

11 確率の基本性質 ②

解答 ▶ 別冊 p.10

POINTS

1 余事象の確率

事象Aの余事象$\overline{A}$の確率　$P(\overline{A})=1-P(A)$

2 和事象の確率

事象AまたはBが起こる確率　$P(A \cup B)=P(A)+P(B)-P(A \cap B)$

□ **41** さいころを3回投げるとき,出た目の数の最大値が4である確率を求めよ。〔中部大〕

42 赤玉が3個,青玉が4個,白玉が5個はいっている袋から,よくかき混ぜて,5個の玉を同時に取り出すとする。 〔東京歯科大〕

□(1) 赤玉が1個,青玉が2個,白玉が2個出る確率を求めよ。

□(2) 赤玉が少なくとも1個は含まれている確率を求めよ。

□ **43** a, b, c, d, e の5人が,くじ引きで順番を決めて,横一列に並ぶ。aとbが隣り合って並ぶ確率は ① である。また,aとbが隣り合わない確率は ② である。

〔北海道科学大〕

✔Check | **41** 「4が最大」とは,4以下の目のみ出る場合から,3以下の目のみ出る場合を除いたものである。

42 (2) 1−(赤玉がまったく含まれない確率)

43 abを1人とみて,4人を並べる。ただし,baも考える。

44 正六角形 ABCDEF の頂点に 1 から 6 までの数字をつける。大・中・小の 3 つの
さいころを振り，出た目と同じ数字にそれぞれ大・中・小の○印をつける。

〔昭和女子大一改〕

□(1) ○印をたどって直角三角形ができる確率を求めよ。

□(2) ○印をたどって正三角形ができる確率を求めよ。

45 A社の製品が 40 個あり，このうち不良品は 4 個であることがわかっている。この
A社の製品 40 個とB社の製品 60 個を 1 つの箱に入れて，よく混ぜておく。〔信州大〕

□(1) 箱から製品を 1 個取り出すとき，それがA社の不良品である確率を求めよ。

□(2) 箱から製品を 2 個取り出すとき，2 個ともA社の良品である確率を求めよ。

□(3) 箱から製品を 2 個取り出すとき，その 2 個の中でB社の不良品が 1 個以下になって
いる確率は $\dfrac{9894}{9900}$ であるとする。B社の不良品の個数を求めよ。

✓**Check** | **44** 大・中・小の区別をするから，三角形のできる頂点の組に対して，目の出方は 3! 通りあ
る。

45 (3) B社の製品 60 個中の不良品が n 個であるとして，不良品が 1 個以下になる確率を n
で表す。

12 独立な試行の確率

POINTS

1 独立な試行の確率

2つの試行 T_1, T_2 が独立であるとき, T_1 では事象 A, T_2 では事象 B が起こる確率は,

$P(A) \times P(B)$

46 A, Bの2人がそれぞれ袋を持っている。Aの袋には黒玉が3個と白玉が2個, B の袋には黒玉が2個と白玉が3個はいっている。

□(1) A, Bがそれぞれ自分の袋から, 1個ずつ玉を取り出す。同じ色の玉が取り出されればAの勝ち, そうでなければAの負けとする。Aが勝つ確率は ① である。

□(2) A, Bがそれぞれ自分の袋から, 同時に2個ずつ玉を取り出す。取り出した4個がすべて黒玉である確率は ② である。2人の取り出した黒玉の個数の合計が, 偶数ならばAの勝ち, 奇数ならばAの負けとする。ただし, 0は偶数に含めるものとする。Aが勝つ確率は ③ である。

□ **47** 右の図に示す電気回路がある。S_1～S_7 はスイッチであり, これらのスイッチは他のスイッチの影響を受けず, すべて ON, OFF の確率が $\dfrac{1}{2}$ であるものとする。このとき, AからBへ電流が流れる確率を求めよ。〔岡山理科大〕

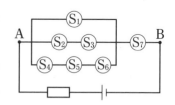

✔**Check** | **46** (2) Aが勝つ黒玉の取り出し方を場合分けして, それぞれ求めた確率の和がAの勝つ確率である。
47 {S_1}, {S_2, S_3}, {S_4, S_5, S_6} の組において, どこにも電流が流れない事象の余事象の確率を考える。

□ **48** A，B，C，D の 4 人が右の図のようにあみだくじを引き，出た数字をそれぞれの得点とする。ただし，点線で書かれた α，β，γ の 3 本は，あみだくじを引かない E により，0 本〜3 本が気まぐれに消されてしまう。E が α を消す確率は $\dfrac{1}{2}$，β を消す確率は $\dfrac{1}{3}$，γ を消す確率は $\dfrac{1}{5}$ であり，これらは独立な事象である。このとき，A が 4 点を獲得する確率は ① であり，4 点を獲得する確率が最も高い者は ② である。　〔立教大〕

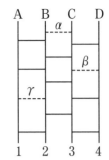

49 n 枚のカードがあり，1 枚目のカードに 1，2 枚目のカードに 2，……，n 枚目のカードに n が書かれている。これらの n 枚のカードから無作為に 1 枚を取り出してもとにもどすことを 3 回行う。取り出されたカードに書かれている数を，取り出された順に x，y，z とする。　〔一橋大〕

□(1)　$x > y$ となる確率 p を求めよ。

□(2)　$2x = y + z$ となる確率 q を求めよ。

✓**Check** | **48** α, β, γ が消されているかどうかで場合分けし，それぞれで 4 点の者と確率を考える。
49 (2) $2x = y + z$ だから，$y + z$ が偶数となる (y, z) の組の個数を，n が偶数か奇数かによって分けて調べる。

POINTS

1 反復試行の確率

1回の試行で事象Aの起こる確率をpとする。この試行をn回繰り返して行うとき，事象Aがちょうどr回起こる確率は，${}_n\mathrm{C}_r p^r (1-p)^{n-r}$ $(p^0=1,\ (1-p)^0=1$ と定める。$)$

☐ **50** 袋の中に，赤，青，緑の玉が1個ずつはいっている。この袋から玉を取り出し，その玉の色を確認してから，その玉を袋の中にもどす。この操作を3回繰り返すときに，赤い玉が一度も現れない確率は ① である。また，この操作を繰り返すとき，4回目に初めてすべての色が現れる確率は ② である。　　　〔神奈川工科大〕

☐ **51** 表と裏が出る確率がそれぞれ $\dfrac{1}{2}$ であるコインを $3n$ 回投げて，表が出る回数が n 回以上 $2n$ 回以下である確率を P_n とおく。このとき，$P_1=$ ① ，$P_3=$ ② である。　　　〔明治学院大〕

✓ Check │ **50** ② 3回目までに2色がそれぞれ2回と1回現れていて，4回目に3色目が現れる確率である。

51 ② P_3 とは，コインを9回投げて，表が3回以上6回以下である確率である。

□ **52** 正方形の頂点 A, B, C, D のいずれにも, 赤, 青, 黄の電球がおいてある。各頂点において独立に, いずれかの電球を $\dfrac{1}{3}$ ずつの確率でつける。すべての色の電球がつく確率は ① であり, 対角線 AC または BD の少なくとも一方に同色の電球がつく確率は ② である。　　　　　　　　　〔大阪電気通信大〕

53 さいころを投げたとき, 3 の目が出れば得点は -3, その他の目が出れば得点はその目の数とする。さいころを 4 回投げたとき, 次の問いに答えよ。　　〔大阪公立大〕

□(1) 得点の和が 0 となる確率を求めよ。

□(2) 得点の和が正となる確率を求めよ。

Check │ **52** ① 4 頂点のうち 2 頂点は同色だから, すべての色のつき方は $_4C_2 \times _3P_3$ (通り) ある。

53 (1) 得点の和が 0 になるのは,「3 の目が 1 回かつ 1 の目が 3 回」または「3 の目が 2 回で, 他の目の和が 6」のときである。

📝 POINTS

1 反復試行の確率

1回の試行で事象Aの起こる確率がp，事象Bの起こる確率がq，事象Cの起こる確率がrであるとする（ただし，$p+q+r=1$）。この試行をn回繰り返して行うとき，事象Aがちょうどk回，事象Bがちょうどl回，事象Cがちょうどm回起こる確率は，

$$\frac{n!}{k!l!m!}p^k q^l r^m \quad （ただし，k+l+m=n）$$

54 A君とB君は，それぞれ5枚のコインを持っている。2人でじゃんけんをして，負けたほうが手持ちのコインから1枚を箱の中に入れるものとする。はじめ，箱の中にはコインははいっていない。それぞれがじゃんけんに勝つ，あるいは負ける確率は$\frac{1}{2}$とする。なお，手持ちのコインがなくなれば，じゃんけんはできない。

〔豊橋技術科学大一改〕

□(1) 箱の中のコインが4枚になったとき，A君とB君の手持ちのコインの枚数が等しい確率を求めよ。

□(2) 箱の中のコインが5枚になったとき，A君とB君の手持ちのコインの枚数の差が2以上である確率を求めよ。

□(3) 何回かじゃんけんを行った結果，A君，B君のいずれかの手持ちのコインがなくなったとき，他方の手持ちのコインが3枚である確率を求めよ。

✅ **Check** | **54** (2) 5回で，A君が3勝2敗か2勝3敗であることの余事象となる。

55 太郎と花子が直線 AB 上で，点 A をスタート地点とし，6 m 離れた点 B をゴールとする競争を次のようなルールで行う。「じゃんけんをして勝てば 2 m 進み，負ければ 1 m 進む。先に B に到達するか通過したほうを勝ちとする。ただし，同時に B に到達した場合は引き分けとする。」

何回かのじゃんけんの後，太郎が x m，花子が y m 進んでいる確率を $p(x, y)$ とするとき，次の問いに答えよ。　　　　　　　　　　　　　　　　　〔長岡技術科学大〕

□(1)　$p(4, 2)$，$p(3, 3)$，$p(5, 4)$，$p(6, 6)$ を求めよ。

□(2)　太郎が競争に勝つ確率を求めよ。

□ **56** 右の図のような格子状の道路がある。左下の A 地点から出発し，さいころを繰り返し振り，次の規則にしたがって進むものとする。1 の目が出たら右に 2 区画，2 の目が出たら右に 1 区画，3 の目が出たら上に 1 区画進み，その他の場合はそのまま動かない。ただし，右端で 1 または 2 の目が出たとき，あるいは上端で 3 の目が出たときは，動かない。また，右端の 1 区画手前で 1 の目が出たときは，右端まで進んで止まる。

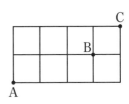

n を 7 以上の自然数とする。A 地点から出発し，さいころを n 回振るとき，ちょうど 6 回目に B 地点に止まらずに B 地点を通り過ぎ，n 回目までに C 地点に到達する確率を求めよ。ただし，さいころのどの目が出るのも同様に確からしいものとする。

〔東北大〕

✓ **Check** ┃ **55** 勝負がつくときだけ事象が起こるから，あいこは考えなくてよい。
　　　　　　56 「B 地点に止まらずに B 地点を通り過ぎる」とは，B の 1 区画左の点で 1 の目が出ること。

15 条件付き確率

解答 ▶ 別冊 p.14

📝 POINTS

1 条件付き確率

事象 A が起こったときに，事象 B が起こる条件付き確率は，$P_A(B)=\dfrac{P(A\cap B)}{P(A)}$

2 確率の乗法定理

2つの事象 A，B がともに起こる確率は，$P(A\cap B)=P(A)P_A(B)$

☐ **57** 0，1という2つの信号を，それぞれ確率 0.4，0.6 で送信する。しかし，受信時に正しく 0，1 の信号を受け取る確率は 0.9 であり，残りの 0.1 の確率で逆の信号を受け取ってしまう。この場合，受信信号が 0 となる確率は ① である。また，0 が受信された場合に送信信号が 0 である確率は ② である。　　　　〔大阪工業大〕

58 X，Y の両市を受け持つセールスマン S 氏は，それぞれ確率 $P(A)=0.6$，$P(B)=0.4$ で，いずれかの市に滞在している。一方，S 氏が滞在しているとき X 市，Y 市で雨の降る確率は，それぞれ $P_A(C)=0.5$，$P_B(C)=0.4$ である。

〔広島修道大〕

☐(1) S 氏が雨にあう確率 $P(C)$ を求めよ。

☐(2) 雨が降っていたとき，S 氏が X 市に滞在している確率 $P_C(A)$ を求めよ。

☐(3) 雨が降っていたとき，S 氏が Y 市に滞在している確率 $P_C(B)$ を求めよ。

✔ **Check** | **57** 0 を受信するのは，0 を正しく受信した場合と，1 を誤って受信した場合がある。
　　　　　58 (1) X 市にいて雨にあう場合と，Y 市にいて雨にあう場合がある。

59 A，Bの2種類のカードがある。Aを2枚，Bを3枚それぞれ積み重ね，3人の人が順番に1枚のカードを次のように持ち帰ることにする。A，B両方のカードが残っているときは，AかBかを確率 $\frac{1}{2}$ で選んで，1枚持ち帰る。また，どちらか一方のカードしか残っていないときは，それを1枚持ち帰る。このようにすると，最後に2枚のカードが残る。 〔長岡技術科学大〕

□(1) Aのカードが2枚残る確率を求めよ。

□(2) Bのカードが2枚残る確率を求めよ。

□(3) Bのカードが2枚残ったとき，1番目の人がBのカードを持ち帰った条件付き確率を求めよ。

60 カード1，カード2，カード3を，左から右に順に並べる。左端のカードを $\frac{1}{3}$ ずつの確率でそのままにするか，2枚の間に置くか，右端に置く。これを5回繰り返す。 〔琉球大〕

□(1) 5回目に初めてカード3が真ん中にくる事象をAとする。この事象の起こる確率 $P(A)$ を求めよ。

□(2) 5回目のカードの並びが (132) となる事象をBとする。事象Aが起こったとして，事象Bが起こる条件付き確率 $P_A(B)$ を求めよ。

✓**Check** | **59** (2) 3人のうち，2人がAのカード，1人がBのカードを持ち帰る確率を求める。
　　　　　　 60 (1) まず，1回目の試行でカード3が真ん中にくる確率を考える。

16 期待値

解答 ▶ 別冊 p.15

📝 POINTS

1 期待値

一般に，ある試行の結果によって，x_1, x_2, x_3, ……, x_n のいずれか1つの値をとる数量Xがあり，その値をとる確率pがそれぞれ，p_1, p_2, p_3, ……, p_n（ただし，$p_1+p_2+p_3+……+p_n=1$）であるとき，$E=x_1p_1+x_2p_2+x_3p_3+……+x_np_n$ を数量Xの**期待値**という。

□ **61** 総数100本のくじがあり，その当たりくじの賞金と本数は右の表の通りである。この中から1本のくじを引くときの賞金の期待値は ① 円であり，2本のくじを同時に引くときの賞金の合計金額の期待値は ② 円である。　〔上智大〕

	賞金	本数
1等	1000円	1本
2等	500円	2本
3等	200円	5本
はずれ	0円	92本

62 3個のさいころを同時に投げて得点を得るゲームを行う。3個のさいころのうち，最も大きな目が出たさいころを1個だけ，最も小さな目が出たさいころを1個だけ，それぞれ取り除き，残った1個のさいころの目をCとする。特に，3個のさいころの目が一致するときは，その目がCである。$C≧4$ ならば得点をCとし，$C≦3$ならば得点を0とする。　〔大阪公立大〕

□(1) 得点が6となる確率を求めよ。

□(2) 得点が5となる確率を求めよ。

□(3) 得点が4となる確率を求めよ。

□(4) 得点の期待値を求めよ。

✅**Check** | **61** 1等，2等，3等，はずれが出る確率をそれぞれ求めることから始める。
　　　　62 (4)(1)〜(3)で求めた確率および得点が0になるときの確率を利用して，期待値を求める。

63 AとBが続けて試合を行い，先に3勝した方が優勝するというゲームを考える。1試合ごとにAが勝つ確率を p，Bが勝つ確率を q，引き分ける確率を $1-p-q$ とする。　　　　　　　　　　　　　　　　　　　　　　　　　〔岡山大〕

□(1) 3試合目で優勝が決まる確率を求めよ。

□(2) 5試合目で優勝が決まる確率を求めよ。

□(3) $p=q=\dfrac{1}{3}$ としたとき，5試合目が終了した時点でまだ優勝が決まらない確率を求めよ。

□(4) $p=q=\dfrac{1}{2}$ としたとき，優勝が決まるまでに行われる試合数の期待値を求めよ。

64 1から4までの番号を書いた玉が2個ずつ，合計8個の玉が入った袋があり，この袋から玉を1個取り出すという操作を続けて行う。ただし，取り出した玉は袋に戻さず，また，すでに取り出した玉と同じ番号の玉が出てきた時点で一連の操作を終了するものとする。玉をちょうど n 個取り出した時点で操作が終わる確率を $P(n)$ とおく。　　　　　　　　　　　　　　　　　　　　　　　　　　　　　　　〔金沢大〕

□(1) $P(2)$，$P(3)$ を求めよ。

□(2) 6以上の k に対し，$P(k)=0$ が成り立つことを示せ。

□(3) 一連の操作が終了するまでに取り出された玉の個数の期待値を求めよ。

✔**Check** | **63** (4) $p=q=\dfrac{1}{2}$ のとき，引き分けがないことを考慮する。

64 (3)(1)を利用すると同時に，$P(1)$，$P(4)$，$P(5)$ を求めて，期待値を導く。

17 三角形の辺の比

解答 ▶ 別冊 p.16

POINTS

1 **三角形の角の二等分線と比**
　△ABC において，∠A の二等分線と辺 BC との交点を P とすると，
　BP：PC＝AB：AC

2 **三角形の外角の二等分線と比**
　△ABC において，∠A の外角の二等分線と辺 BC の延長との交点
　を Q とすると，
　BQ：QC＝AB：AC

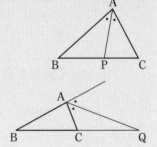
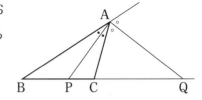

□ **65** △ABC の ∠A およびその外角の二等分線が BC お
よびその延長と交わる点をそれぞれ P，Q とする
とき，$\dfrac{1}{BP}+\dfrac{1}{BQ}=\dfrac{2}{BC}$ であることを証明せよ。

□ **66** ∠B＝90° の直角三角形 ABC の ∠A の三等分線と辺 BC の交
点で，点 B に近いほうから D，E とする。AB＝4，AE＝5 で
あるとき，線分 CE の長さを求めよ。

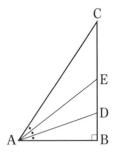

✔**Check** │ **65** 三角形の内角または外角の二等分線は，対辺を他の 2 辺の比に分ける。
　　　　$\dfrac{BP}{PC}=\dfrac{AB}{AC}=\dfrac{BQ}{QC}$
　　　66 角の二等分線と辺の比の関係を，△ABE と △ADC に適用する。

67 AB>AC である △ABC において，辺 BC の中点をM
とし，∠A の二等分線と辺 BC との交点をNとする。
頂点Cから AN に引いた垂線をCP とし，CP の延長と
AM との交点をQとするとき，次のことを証明せよ。

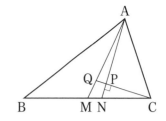

☐(1)　PM∥AB

☐(2)　QN∥AC

☐ **68** AB>AC である △ABC の辺 BC の中点をM
とする。∠A およびその外角の二等分線が BC
およびその延長と交わる点を，それぞれ P，Q
とする。3 点 B，C，M から直線 AP に引い
た垂線をそれぞれ BB′，CC′，MM′ とすると
き，BB′·CC′＝MM′·AQ であることを証明せよ。

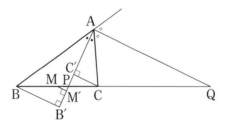

✔**Check** ｜ **67** (1)直線 CQ と AB との交点をRとして，△CBR で中点連結定理を用いる。
(2)角の二等分線と辺の比を用いる。
68 BB′·CC′＝MM′·AQ ⟺ BB′：MM′＝AQ：CC′

18 三角形の辺と角

解答 ▶ 別冊 p.17

✎ POINTS

1 三角形の辺と角の大小
$$a>b \iff \angle A > \angle B$$
2 三角形の成立条件
$$|b-c|<a<b+c$$

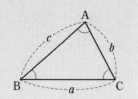

□ **69** △ABC のAにおける外角の二等分線上に，Aと異なる点
Pをとると，AB+AC<PB+PC であることを証明せよ。

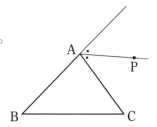

70 △AOB は OA＝OB＝1 の二等辺三角形とする。$\alpha = \angle$AOB とし，線分 OB に関
してAと対称な点を A′ とする。 〔九州大〕

□(1) $\alpha<90°$ とする。右の図のように線分 OA 上に点Cをとる。
点Cを固定し，線分 OB 上に点Dを折れ線 ADC の長さが最
小となるようにとる。線分 OA′ 上に OC′＝OC を満たす点
C′ をとれば，線分 AC′ は点Dを通ることを示せ。

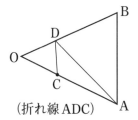

(折れ線 ADC)

□(2) $\alpha<45°$ とする。線分 OA 上に点Eを，線分 OB 上に点Fを折れ線 AFE の長さが
最小となるようにとる。このとき，∠AEF は直角となることを示せ。

✔ **Check** │ **69** BA の延長上に，AC＝AE となる点Eをとる。
　　　　　　 70 (1) AD＋DC′＝AC′ が成り立てば，点Dは線分 AC′ 上にある。

71 次の問いに答えよ。

□(1) △ABC の内部の点 P に対して，AB+AC>PB+PC で あることを証明せよ。

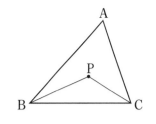

□(2) $2s=$AB+BC+CA とすると，△ABC の内部の点 P に対して，次の関係が成り立 つことを証明せよ。

$s<$PA+PB+PC$<2s$

□(3) 長方形 DEFG の辺 FG，DG 上にそれぞれ点 Q，R をとる。 ただし，D，G，F 上を除く。このとき， DE+DQ>RE+RQ が成り立つことを証明せよ。

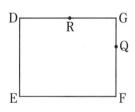

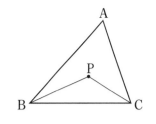
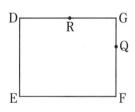

✓**Check** │ **71** (1) 直線 BP と AC との交点を考え，三角形の 2 辺の和と他の 1 辺を比較する。
(2)(3)(1)の結果を利用する。

19 三角形の外心・内心・重心

解答 ▶ 別冊 p.19

📝 POINTS

1 三角形の外心

三角形の3辺の垂直二等分線は1点で交わる。その点を三角形の**外心**という。外心は3つの頂点から等しい距離にあり，**外接円**の中心である。

2 三角形の内心

三角形の3つの角の二等分線は1点で交わる。その点を三角形の**内心**という。内心は3辺から等しい距離にあり，**内接円**の中心である。

3 三角形の重心

三角形の3本の中線は1点で交わる。その点を三角形の**重心**という。重心は中線を2:1に内分する。

☐ **72** △ABC の外心を O，内心を I，外接円の半径を R，内接円の半径を r とする。O と I が一致しない場合に R, r と OI との関係を調べよう。

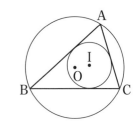

次の①〜⑦には，A〜G の中から C 以外のあてはまる文字を選べ。ただし，②と③は解答の順序を問わない。また，⑧には，次の**ア**〜**カ**の中から正しいものを1つ選べ。

ア r **イ** R **ウ** r^2 **エ** rR **オ** $2rR$ **カ** $4rR$

AI の延長と外接円の交点を D とし，DO の延長と外接円の交点を E とする。また，直線 OI と外接円の交点を F，G とし，F，O，I，G がこの順に並ぶものとする。I から AC へ垂線を引き，交点を H とする。

△AHI と △EBD は，∠HAI＝∠BAI＝∠BED，∠AHI＝∠EBD＝90° であるから相似で，ED：□①□ I＝□②③□：HI が成り立ち，□①□ I・□②③□＝$2rR$ ……(i)

次に △DBI において，∠DIB＝∠IAB＋∠IBA，∠DBI＝∠DBC＋∠IBC，∠IBA＝∠IBC，∠IAB＝∠DAC＝∠DBC であるから，∠DIB＝∠□④⑤□ I で，△DBI は二等辺三角形となり，□②③□＝ID ……(ii)

△IFD と △IAG において，∠IFD＝∠GFD＝∠IAG，∠FID＝∠AIG

したがって，△IFD と △IAG は相似であり，

AI・□⑥□ I＝□⑦□ I・GI＝(□⑦□ O＋OI)(GO−OI)＝R^2−OI^2 ……(iii)

(i)，(ii)，(iii)から，OI^2＝R^2−□⑧□ が成り立つ。

✅ **Check** | **72** FI＝FO＋OI＝R＋OI，GI＝GO−OI＝R−OI

38

73 △ABC の頂点 B，C から対辺に引いた中線 BE，CD の長さが等しいならば，2辺 AB，AC の長さが等しいことを証明せよ。

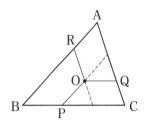

74 △ABC の内部に1点Oをとり，O を通り辺 AB，BC，CA に平行な直線が辺 BC，CA，AB と交わる点をそれぞれ P，Q，R とする。このとき，OP＝OQ＝OR＝x となった。　〔東京理科大〕

(1) BC＝a，CA＝b，AB＝c として，x を a，b，c で表せ。

(2) 頂点 A，B，C から，それぞれ RP，PQ，QR に平行な直線を引くとき，それらは △ABC の内心で交わることを証明せよ。

✔ **Check** | **73** BE と CD の交点を G とするとき，△BGD≡△CGE を示す。
74 (1)直線 OP と辺 AC の交点を Q′，OR と BC の交点を P′ とすると，
△OPP′∽△Q′OQ∽△ABC

解答 ▶ 別冊 p.19

POINTS

1 三角形の垂心

三角形の3つの頂点から対辺またはその延長に垂線を引くと，1点で交わる。その点を三角形の**垂心**という。

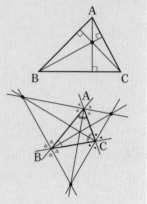

2 三角形の傍心

三角形の1つの内角の二等分線と他の2つの外角の二等分線は1点で交わる。その点を三角形の**傍心**という。傍心は1つの三角形に3つあり，**傍接円**の中心である。

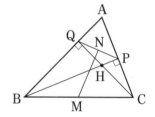

□ **75** △ABC の垂心を H とし，直線 BH と AC の交点を P，直線 CH と AB との交点を Q とする。線分 BC，PQ の中点を M，N とすると，MN⊥PQ であることを証明せよ。

✔ **Check** | **75** △MPQ が二等辺三角形になることを示す。

76 次の問いに答えよ。

□(1) △ABC の内心を I とするとき，AI の延長と ∠B，∠C の外
角の二等分線の交点は 1 点で交わることを証明せよ。

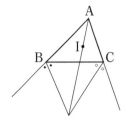

□(2) (1)で定めた点を中心として辺 BC に接する円は，直線 AB，AC にも接することを
証明せよ。

□(3) △ABC の内心 I は，△ABC の 3 つの傍心を頂点とする
三角形の垂心であることを証明せよ。

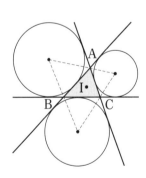

✔**Check** │ **76** (1) ∠B，∠C の外角の二等分線の交点を P とするとき，∠PAB＝∠PAC であることを
示す。
(2) 傍心から 3 直線 BC，AB，AC へ垂線を引き，その交点と傍心との距離が等しいこ
とを示す。

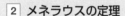

21 チェバの定理・メネラウスの定理

解答 ▶ 別冊 p.20

📝 POINTS

1 チェバの定理

△ABC の辺 BC, CA, AB またはその延長上にそれぞれ点 P, Q, R があり, 3 直線 AP, BQ, CR が 1 点で交わるとき,

$$\frac{BP}{PC} \cdot \frac{CQ}{QA} \cdot \frac{AR}{RB} = 1$$

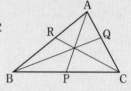

2 メネラウスの定理

直線が △ABC の辺 BC, CA, AB またはその延長とそれぞれ点 P, Q, R で交わるとき,

$$\frac{BP}{PC} \cdot \frac{CQ}{QA} \cdot \frac{AR}{RB} = 1$$

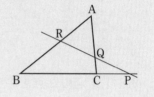

77 次の問いに答えよ。　　　　　　　　　　　　　　　　　　　〔宮崎大〕

□(1) △ABC において, 辺 AB の延長上に AD:DB=3:2 となるように点Dをとり, 辺 BC の延長上に BE:EC=10:3 となるように点Eをとる。直線 AC と直線 DE の交点をFとするとき, $\dfrac{AF}{FC}$ を求めよ。

□(2) △ABC の内部の点Pと 3 頂点 A, B, C とを結ぶ直線が対辺 BC, CA, AB と交わる点をそれぞれ D, E, F とする。BD:DC=2:3, FP:PC=1:2 であるとき, $\dfrac{CE}{EA}$ を求めよ。

□ **78** △ABC の 3 辺 BC, CA, AB 上にそれぞれ点 P, Q, R があり, AP, BQ, CR が 1 点で交わっているとする。QR と BC が平行でないとき, 直線 QR と直線 BC の交点をSとすると, BP:BS=CP:CS が成り立つことを示せ。　　〔東北学院大〕

✓**Check** │ **77** (2)△BCF と直線 AD, △ABC と点Pに注目する。
　　　　　　　78 チェバの定理とメネラウスの定理の両方を用いる。

79 △ABC の辺 BC，CA，AB 上にそれぞれ点 P，Q，R があり，３直線 AP，BQ，CR が１点Tで交わっている。AR：RB＝2：1，BP：PC＝t：$(1-t)$ とするとき，次の問いに答えよ。ただし，$0<t<1$ である。　　　　　〔東北学院大〕

□(1)　$\dfrac{\text{CQ}}{\text{QA}}$ を t を用いて表せ。

□(2)　$t=\dfrac{1}{4}$ のとき，面積比 △ABC：△BRT を求めよ。

80 四角形 ABCD が円Oに外接している。辺 AB，BC，CD，DA と円Oとの接点をそれぞれ P，Q，R，S とし，線分 AP，BQ，CR，DS の長さをそれぞれ a，b，c，d とおく。ただし，３直線 AC，PQ，RS のどの２本も平行ではない。このとき，次の問いに答えよ。　　　　　〔愛知教育大〕

□(1)　２直線 AC，PQ の交点をXとするとき，XがACを外分する比を a，b，c，d で表せ。

□(2)　３直線 AC，PQ，RS は１点で交わることを証明せよ。

✔**Check** | **79** (2) △ABC，△ABQ，△ABT，△BRT の面積の比を調べる。
　　　　　　80 (2) ２直線 AC，SR の交点をYとおいて，XとYが一致することを示す。

22 円周角

解答 ▶ 別冊 p.21

✏ POINTS

1 円周角の定理

①1つの円で，等しい弧に対する円周角の大きさはすべて等しく，その弧に対する中心角の半分である。

②等しい円周角に対する弧の長さは等しい。

2 円周角の定理の逆

点 P，Q が直線 AB に関して同じ側にあり，∠APB＝∠AQB ならば，4 点 A，B，P，Q は1つの円周上にある。

□ **81** △ABC の外接円において，他の1点を含まない側の $\overset{\frown}{\text{AB}}$，$\overset{\frown}{\text{BC}}$，$\overset{\frown}{\text{CA}}$ の中点をそれぞれ P，Q，R とする。PQ⊥BR，QR⊥CP，RP⊥AQ であることを証明せよ。

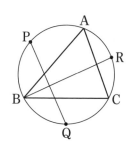

□ **82** △ABC の垂心を H とし，AH が辺 BC および外接円と交わる点をそれぞれ D，E とするとき，DH＝DE であることを証明せよ。ただし，△ABC は鋭角三角形とする。

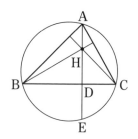

✅ Check │ **81** $\overset{\frown}{\text{PB}}+\overset{\frown}{\text{QCR}}$ が半円周だから，円周角の和が 90° である。

82 BH の延長と AC の交点を F とすると，4 点 A，B，D，F は辺 AB を直径とする円周上にある。

☐ **83** 鋭角三角形 ABC の垂心Hに対して，AH，BH，CH の延長と △ABC の外接円との交点をP，Q，Rとする。点Hは △PQR の内心であることを証明せよ。

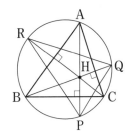

☐ **84** △ABC の内心を I とし，△ABC の外接円で，点Aを含まないほうの弧BC上に $\overset{\frown}{BD}=\overset{\frown}{DC}$ となる点Dをとるとき，DB=DI=DC であることを証明せよ。

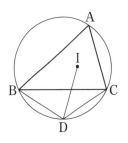

✅ **Check** | **83** ∠APR＝∠ACR，∠APQ＝∠ABQ より，∠APR＝∠APQ が示せる。他も同様。
84 $\overset{\frown}{BD}=\overset{\frown}{DC}$ より，DB＝DC だから，DB＝DI を示せばよい。

POINTS

1 円に内接する四角形

円に内接する四角形の対角の和は 180° であり，外角はそれと隣り合う内角の対角に等しい。

2 四角形が円に内接する条件

次の⑦または⑦が成り立つとき，四角形は円に内接する。

⑦ 1 組の対角の和が 180° である。

⑦ 1 つの外角がそれと隣り合う内角の対角に等しい。

85 右の図の円に内接する四角形 ABCD において，直線 DA と直線 CB との交点を P，直線 BA と直線 CD との交点を Q とする。　　　　　　　　　　　　〔宮崎大〕

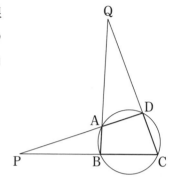

□(1) $\dfrac{AB}{CD} = \dfrac{QA \cdot BP}{PC \cdot DQ}$ であることを示せ。

□(2) $PA \cdot QD = PB \cdot QA$ であることを示せ。

□(3) ∠APB の二等分線と辺 AB，DC との交点をそれぞれ E，F とし，∠AQD の二等分線と線分 EF との交点を R とおく。このとき，∠PRQ=90° であることを示せ。

✓**Check** | **85** (3) △QEF が QE=QF の二等辺三角形であることを示す。

□ **86** 鋭角三角形 ABC で，A から下ろした垂線と辺 BC との交点を H，辺 BC の中点を M とすると，∠CAH＝∠BAM ならば，AB＝AC であることを証明せよ。

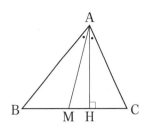

□ **87** 鋭角三角形 ABC で，2 点 B，C から対辺に下ろした垂線とその対辺との交点をそれぞれ D，E とする。点 D を通って AB に平行な直線と BC との交点を F，点 E を通って AC に平行な直線と BC との交点を G とするとき，4 点 D，E，F，G は同一円周上にあることを示せ。

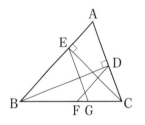

✔**Check** │ **86** △ABC の外接円と AM の延長との A 以外の交点を D とすると，△ABD∽△AHC である。

87 4 点が B，F，G，C の順に並ぶときと，B，G，F，C の順に並ぶときがある。

24 接線と弦の作る角

解答 ▶ 別冊 p.22

POINTS

1 接線の長さ

円の外部の1点からその円に引いた2本の接線の長さは等しい。

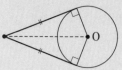

2 接弦定理

円の接線とその接点を通る弦の作る角は，その角の内部にある弧に対する円
周角に等しい。

☐ **88** 2円O，O′ はともに点Tで，直線 AB に接している。円O
の周上に中心 O′ がくるとき，円 O′ の弦 TD と円Oとの T
以外の交点をCとし，CO′ の O′ の側への延長と円 O′ との
交点をEとする。

∠O′ED=θ のとき，∠DTB を θ を用いて表せ。ただし，
点BとDは直線 OO′ に関して同じ側にあるものとする。

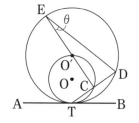

☐ **89** 2円O，O′ があり，円Oの半径は円 O′ の半径より大きく，
円 O′ の周上に中心Oがあり，2円は2点A，Bで交わって
いる。円Oの弦 BC が点Bで円 O′ に接し，AC と円 O′ との
A以外の交点をDとし，BD の延長と円Oとの交点をEとす
る。BC=CE であることを証明せよ。

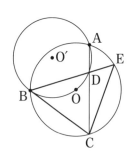

✅ **Check** | **88** EC⊥TD となり，∠TEC=∠DEC である。
89 ∠CBE=∠BAC=∠CEB を示す。

48

90 AB＝10，AC＝8，BC＝9 の △ABC の辺 BC 上の適当
な位置に点Dをとると，△ABD，△ACD のそれぞれの内
接円O，O′ が，線分 AD 上の点Pで接する。

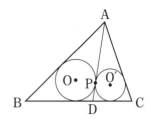

□(1) 2線分 AP，PD の長さをそれぞれ s，t で表すとき，
$s-t$ の値を求めよ。

□(2) △ABD と △ACD の面積比を求めよ。

□ **91** 円に直交する2本の弦 AB と CD をとり，4点 A，B，C，D
における4本の接線によってできる四角形は円に内接すること
を証明せよ。

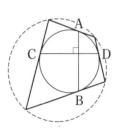

✓ **Check** | **90** (2) △ABD：△ACD＝BD：DC となり，これは $s-t$ を用いて表せるから，(1)の結果を
利用する。
91 円外の1点から円に引いた2本の接線に2接点を結ぶ線分を加えると，二等辺三角形と
なる。

1 方べきの定理

①点Pを通る2直線が，円とそれぞれ2点A，Bと2点C，Dで交わっているとき，**PA·PB=PC·PD**

②円外の点Pを通る2直線の一方が点Tで円と接し，他方が円と2点A，Bで交わっているとき，**PT²=PA·PB**

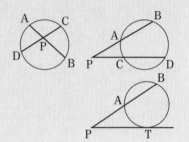
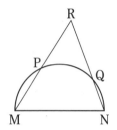

☐ **92** MN を直径とする半円周上の任意の2点をP，Qとする。MP と NQ の交点をRとすると，MP·MR＋NQ·NR は一定であることを証明せよ。　〔高知大〕

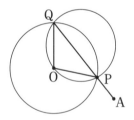

☐ **93** 定円O外の定点Aを通る任意の直線と，この円との交点をP，Qとするとき，△OPQ の外接円はOの他にも定点を通ることを証明せよ。　〔奈良女子大〕

✅**Check** │ **92** RからMNへ引いた垂線とMNとの交点をHとするとき，4点R，P，H，Nが同一円周上にある。

93 △OPQ の外接円とOAの交点でO以外の点をRとするとき，Rが定点となることを示す。

94 円O外の1点Pからこの円に2つの接線を引き，接点をA，B とし，ABとOPとの交点をHとする。また，Pからこの円に 任意の直線を引き，円Oとの交点をQ，Rとする。このとき， 次のことを証明せよ。　　　　　　　　　　　　　　〔新潟大〕

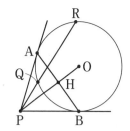

□(1)　4点O，H，Q，Rは同一円周上にある。

□(2)　HR：HQ＝PR：PQ である。

95 円に内接する四角形 ABCD の辺の長さを，AB＝4，BC＝3， CD＝2，DA＝6 とする。2直線BCとADの交点をEとし， 2直線ABとDCの交点をFとする。

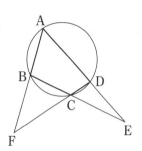

□(1)　EC·EB，FC·FD の値を求めよ。

□(2)　△FBC の外接円と直線EFとの交点で，Fとは異なる点をGとする。4点E，D， C，Gが同一円周上にあることを示せ。また，EFの長さを求めよ。

✅**Check** ┃ **94** (2)(1)と OQ＝OR により，PHは △HQR における ∠QHR の外角を2等分することを 示す。

95 (1) EC＝x，ED＝y として，△ECD∽△EAB により，辺の比を考える。FC，FBも同 様。

26 2つの円

✏ POINTS

1 2つの円の位置関係

2つの円O，O′の半径をそれぞれ r，r' $(r>r')$ とするとき，2つの円の中心間の距離 d や共通接線の本数との関係は次のようになる。

	離れている	外接している	交わっている	内接している	内部にある
図					
r,r',d の関係式	$d>r+r'$	$d=r+r'$	$r-r'<d<r+r'$	$d=r-r'$	$d<r-r'$
共通接線	4本	3本	2本	1本	なし

☐ **96** 半径が5の円Oに，半径が3の円Pが点Aで内接している。線分 AB が円Pの直径であり，点Bにおける円Pの接線と円Oとの2交点のうち1点をCとする。BC に接し，円Pに外接し，円Oに内接する円をQとするとき，円Qの半径 r の長さを求めよ。

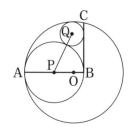

☐ **97** 直径 AB によって切断される半径 r の半円Oを考える。半円Oに内接し，点OでABに接する円を O_1 とする。Aから円 O_1 に引いた接線のうち，AB と異なるほうを ℓ とし，A 以外の半円Oと ℓ との交点をCとする。ℓ と半円Oの弧 AC に内接する円 O_2 のうち，最大となる半径を r で表せ。

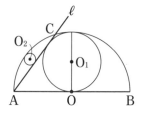

✔ **Check** | **96** 中心Qから AB 上に垂線 QH を引き，三平方の定理を利用する。
97 点 O，O_1 から，直線 ℓ に垂線を引く。

□ **98** 半径 $3a$ の 2 つの円と半径 $2a$ の 1 つの円が，互いに 2 つずつ外接している。この 3 つの円に接する円の半径を求めよ。

〔長崎大〕

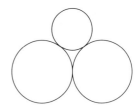

99 直径 6 の円 C_1 の内部に，直径 3 の円 C_2 がある。円 C_1 の弦で，円 C_2 に接するものの長さの最大値が $4\sqrt{2}$ であるという。

〔東海大〕

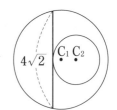

□(1) 2 つの円の中心間の距離を求めよ。

□(2) 円 C_1 の弦で，円 C_2 に接するものの長さの最小値を求めよ。

✔**Check** | **98** 求める円は，与えられた 3 つの円がともに内接する場合と外接する場合がある。
99 (1)円 C_1 の弦が円 C_2 に点 P で接するとき，C_2P とその弦は垂直である。

27 作 図

解答 ▶ 別冊 p.24

POINTS

1 作 図

定規とコンパスだけを用いて条件を満たす図形をかくことを**作図**という。定規は与えられた 2 点を通る直線を引くこと，コンパスは与えられた点を中心とした与えられた半径の円をかくことだけに用いる。

□ **100** 円 O の外部の点 P から円 O に引いた接線を作図せよ。

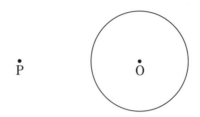

101 下の図のように，長さ 1，a の線分が与えられている。

□(1) 長さ a^2 の線分を作図せよ。

□(2) 長さ $\sqrt{a}$ の線分を作図せよ。

✓ **Check** | **100**「円の接線は接点を通る半径に垂直である」ことを用いる。
101 (1)平行線の性質を用いて考える。(2)方べきの定理を用いて考える。

□ **102** 下の図のような2つの円O, O′の共通接線を作図せよ。

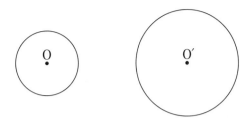

□ **103** 下の図のような扇形AOBに内接する円を作図せよ。

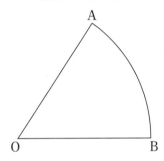

104 次の問いに答えよ。

□(1) 1辺の長さが2の正五角形の対角線の長さを求めよ。

□(2) 下の図のような線分ABを1辺とする正五角形を作図せよ。

$\overline{\qquad}$
A   B

━━━━━━━━━━━━━━━━━━━━━━━━━━━━━━━━━━

✓ **Check** │ **102** **100** の作図も利用して，接点を決定する方法を考える。

103 まず，2辺OA，OBに接する円を作図して，弧に接するように拡大する。

104 (1)正五角形は円に内接する。対角線を引くと，相似な三角形がいくつかできる。

28 空間図形と多面体

🖉 POINTS

1 直線と垂直

①直線 ℓ が平面 α 上のすべての直線に垂直であるとき，**直線 ℓ は平面 α に垂直である**といい，$\ell \perp \alpha$ と表す。

②直線 ℓ が平面 α 上の平行でない 2 直線 m，n に垂直ならば，直線 ℓ は平面 α に垂直になる。

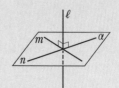

2 2 平面のなす角

2 平面の交線 ℓ 上の点 O を通り，それぞれの平面上にある ℓ に垂直な直線 m，n のなす角 θ を **2 平面のなす角**という。

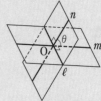

3 三垂線の定理

平面 α 上の直線 ℓ，直線 ℓ 上の点 A，平面 α 上にあって直線 ℓ 上にない点 O，平面 α 上にない点 P について，次のことが成り立つ。

㋐PO$\perp\alpha$，OA$\perp\ell$　ならば，**PA$\perp\ell$**

㋑PO$\perp\alpha$，PA$\perp\ell$　ならば，**OA$\perp\ell$**

㋒PA$\perp\ell$，OA$\perp\ell$，PO$\perp$OA　ならば，**PO$\perp\alpha$**

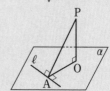

4 正多面体

各面が合同な正多角形で，各頂点に集まる面，辺の数が等しい多面体は，正四面体，正六面体（立方体），正八面体，正十二面体，正二十面体の 5 種類のみである。

5 オイラーの多面体定理

凸多面体の頂点の数を v，辺の数を e，面の数を f とすると，$v-e+f=2$

□ **105** 立方体 ABCD-EFGH において，対角線 AG は平面 BDE に垂直であることを証明せよ。

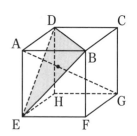

✔**Check** ｜ **105** 平面上の平行でない 2 直線に垂直な直線は，その平面に垂直である。

□ **106** 四面体において，ねじれの位置にある 2 辺の中点を結ぶ 3 本の
線分は，1 点で交わることを証明せよ。

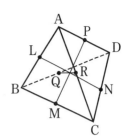

107 1 辺の長さが 2 である立方体（正六面体）の隣り合う面どうしで，
それぞれの面の対角線の交点を結んで多面体をつくる。このと
き，次の問いに答えよ。

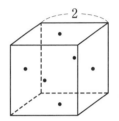

□(1) この多面体の名称を答えよ。

□(2) この多面体の 1 辺の長さ，表面積および体積を求めよ。

□(3) この多面体の頂点，辺，面の数を調べ，オイラーの多面体定理が成り立つことを確
かめよ。

✔**Check** | **106** 4 つの中点を通る断面となる四角形の対角線を調べる。
　　　　　107 (2)立方体の平行な 4 辺を 2 等分する平面で切ったときの断面の様子を考えるとよい。

29 整数の性質

解答 ▶ 別冊 p.26

✎ POINTS

1 倍数の見分け方

2の倍数…一の位が2の倍数 　　3の倍数…各位の数の和が3の倍数

4の倍数…下2桁が4の倍数 　　5の倍数…一の位が0または5

6の倍数…2の倍数かつ3の倍数 　　8の倍数…下3桁が8の倍数

9の倍数…各位の数の和が9の倍数

2 素因数分解

1とそれ自身以外に正の約数をもたない2以上の自然数を**素数**といい，自然数を素数だけの積の形に表すことを**素因数分解**という。

3 約数の個数

自然数 N が $p^a \cdot q^b \cdot r^c \cdot \cdots\cdots$ と素因数分解されるならば，N の正の約数の個数は，

$(a+1)(b+1)(c+1)\cdot\cdots\cdots$ 個

4 ユークリッドの互除法

2つの自然数 a，b の最大公約数は次のような方法で求められる。

① a を b で割った余りを r とする。

② $r=0$ ならば，b が a と b の最大公約数

$r>0$ ならば，b と r の最大公約数が a と b の最大公約数に等しいので，a を b で，b を r で置き換えて，①に戻る。

5 1次不定方程式

a，b，c が定数のとき，x，y についての方程式 $ax+by=c$ を**1次不定方程式**といい，これを満たす整数 x，y の組をこの方程式の**整数解**という。

---

108 x，y を整数とするとき，次の問いに答えよ。　　　　〔熊本大〕

□(1) x^5-x は30の倍数であることを示せ。

□(2) x^5y-xy^5 は30の倍数であることを示せ。

✔**Check** | **108** (1)連続した3つの整数の積は，2の倍数かつ3の倍数であるから，6の倍数である。
(2)(1)より，x^5-x，y^5-y はいずれも30の倍数である。

□ **109** m を正の整数とする。$P=m^3-4m^2-4m-5$ が素数となるとき，P の値を求めよ。

〔東京電機大〕

□ **110** 正の約数が 28 個である最小の正の整数を求めよ。 〔早稲田大〕

111 次の問いに答えよ。 〔群馬大〕

□(1) 1365 と 1560 の最大公約数を求めよ。

□(2) 2 以上の整数 x, y, z の組で，$xyz=1365$，$3x \leqq 2y \leqq z$ を満たすものをすべて求めよ。

✓ **Check** | **109** $P=m^3-1-4m^2-4m-4=m^3-1-4(m^2+m+1)=(m-5)(m^2+m+1)$ と因数分解する。

110 素因数分解したとき，a^p の形になる場合，$a^p b^q$ の形になる場合，……と調べていく。

111 (2) $y \geqq \dfrac{3}{2}x$，$z \geqq 3x$ より，$xyz \geqq \dfrac{9}{2}x^3$ となることを利用する。

112 次の問いに答えよ。ただし，すべて整数の範囲で考えるものとする。　〔津田塾大〕

(1) a, b を正の整数とする。a を b で割った商は q_1，余りは $r_1 > 0$，b を r_1 で割った商は q_2，余りは $r_2 > 0$，r_1 を r_2 で割った商は q_3，余りは $r_3 > 0$，r_2 を r_3 で割った商は q_4，余りは $r_4 = 0$　すなわち，$a = bq_1 + r_1$，$b = r_1q_2 + r_2$，$r_1 = r_2q_3 + r_3$，$r_2 = r_3q_4$　とする。

□① r_3 は r_2 の約数であり，r_3 は r_1 の約数であることを示せ。また，r_3 は b および a の約数であることを示せ。

□② c が a, b の公約数であれば，c は r_1 の約数であり，さらに c は r_2, r_3 の約数であることを示せ。

□③ r_1 は整数 x, y を用いて，$ax + by$ の形で表されることを示せ。r_2, r_3 も同様に $ax + by$ の形で表されることを示せ。

□④ a, b の最大公約数 d は整数 x, y を用いて，$ax + by$ の形で表されることを示せ。

□(2) 2077 と 1829 の最大公約数 d を求め，$d = 2077x + 1829y$ を満たす整数 x, y を 1 組求めよ。

● Check | **112** (2) (1)の手順にしたがって，$2077 = 1829 \times 1 + 248$，$1829 = 248 \times 7 + 93$，……のようにして最大公約数を求める。

30 記数法

解答 ▶ 別冊 p.28

📝 POINTS

1 n **進数**

n 進数の各位に用いる数字は，0から $n-1$ までの整数(最高位は1から $n-1$ までの整数)である。数が n 進法で表されていることは，数の右下に $_{(n)}$ をつけて示す。

例 $27=1\times2^4+1\times2^3+0\times2^2+1\times2+1\times1$ より，$27_{(10)}=11011_{(2)}$

2 n **進法の小数**

小数点以下は，$\dfrac{1}{n}$ の位，$\dfrac{1}{n^2}$ の位，$\dfrac{1}{n^3}$ の位，……である。

例 $1.101_{(2)}=1+1\times\dfrac{1}{2}+0\times\dfrac{1}{2^2}+1\times\dfrac{1}{2^3}=1.625_{(10)}$

□ **113** 3進法で表された 20212 を 10進法で表せ。 〔立教大〕

□ **114** 正の整数 N を5進法，7進法で表すと，それぞれ3桁の数 abc，cab になるという。このとき，a，b，c の値を求めよ。また，正の整数 N を求めよ。 〔阪南大〕

✅ **Check** | **113** $\square\times3^4+\square\times3^3+\square\times3^2+\square\times3+\square\times1$ の形に表す。

114 $1\leqq a\leqq4$，$0\leqq b\leqq4$，$1\leqq c\leqq4$ となることに注意する。

📝 POINTS

1 空間における点の座標

空間に点Oをとり，Oで互いに直交する3本の数直線を，x軸，y軸，z軸と定め，点Pの位置を3つの実数の組を (a, b, c) で表す。(a, b, c) を座標といい，座標を用いて点の位置関係を理解する。

2 測量 −位置の表し方−

例えば，歩幅を測り，歩数から距離を計測したり，GPS機能を利用して位置関係を把握することで，様々な距離や長さを計算で求めることができる。

3 ゲーム

具体的な数値でゲームの規則性を推測し，一般的な法則を見出すことにより，ゲームの攻略法や勝敗を予測することが可能になる。

□ **115** 文化祭の一つの企画として，グラウンド上空にドローンを飛ばし，上空から文化祭の様子を撮影することにした。国旗掲揚用ポールの根元の位置を原点と定め，東の方向を x 軸の正の向き，北の方向を y 軸の正の向き，真上の方向を z 軸の正の向きとした座標空間を考えることにする。なお，各座標軸の1の長さを1mとする。

上空のドローンまでの距離を原点から東へ5m進んだ地点，西へ9m進んだ地点，北へ16m進んだ地点から計測すると，それぞれ13m，15m，20mであった。ドローンの浮かんでいる位置を座標で表し，位置を特定せよ。

116 南北に一直線に伸びた高低差のない道路がある。この道路沿いに2つの地点A，Bがある。この2地点A，Bについて，以下の情報を測量から得ることができた。

A地点→緯度：35°12′16″　経度：136°49′25″

B地点→緯度：35°12′03″　経度：136°49′25″

地点A，B間の距離→402m

ただし，地球を完全な球であると考えて，次の問いに答えよ。また，電卓などを用いてもよい。

✅ **Check** | **115** ドローンの位置をPとし，その座標を (x, y, z) として立式してみる。

116 地球の中心をOとすると，2地点A，Bの経度は等しいので，緯度の差から ∠AOB を求め，AB間の距離を利用して，1周を求める。

□(1) 地球の1周の長さを求め，地球の半径を求めよ。なお，円周率は 3.14 とし，小数第1位を四捨五入して，整数で答えよ。

□(2) 地球上に存在する 8,000 m 峰で，最後に登頂された山として知られているシシャパンマの標高は 8,027 m である。この山頂から見える最も遠い地点までの距離は何 km であるか。小数第1位を四捨五入して整数で答えよ。

117 次の問いに答えよ。

□(1) 9枚のコインがあり，そのうち1枚が偽物である。偽物は本物のコインより軽い。このとき天秤を2回だけ使って偽物を見つけ出すにはどのようにすればよいか。その過程を答えよ。

□(2) 2種類の異なる重さのコインが各4枚ずつ，計8枚のコインがある。天秤を2回以下しか使わずに，重さが異なるコインを1枚ずつ取り出すにはどのようにすればよいか。その過程を答えよ。

□(3) 大量の枚数のコインが入った袋 A，B，C，D がある。それぞれの袋の中は，見た目では全く区別がつかない本物のコイン，または偽物のコインだけしか入っていない。重さは，本物のコインが1枚 12 g，偽物のコインが1枚 13 g である。今，袋 A，B，C，D からそれぞれ1枚，3枚，18枚，27枚のコインを取り出したところ，重さの合計は 634 g であった。本物のコインが入っている袋を特定せよ。

✓**Check** | **117** (1)(2)天秤の両側に乗せる最初のコインの枚数を決定することから始める。
(3)すべて本物のコインとみなすことから本物のコインの枚数を求める。

装丁デザイン　ブックデザイン研究所
本文デザイン　未来舎
　　図　版　デザインスタジオエキス.

本書に関する最新情報は, 小社ホームページにある**本書の「サポート情報」**をご覧ください。(開設していない場合もございます。)
なお, この本の内容についての責任は小社にあり, 内容に関するご質問は直接小社におよせください。

高校 トレーニングノートβ 数学A

編著者	高校教育研究会	発行所	受験研究社
発行者	岡 本 明 剛		
印刷所	岩 岡 印 刷		©株式会社 増進堂・受験研究社

〒550-0013 大阪市西区新町2丁目19番15号
注文・不良品などについて：(06)6532-1581(代表)／本の内容について：(06)6532-1586(編集)

注意 本書を無断で複写・複製(電子化を含む)
　　して使用すると著作権法違反となります。

Printed in Japan　高廣製本
落丁・乱丁本はお取り替えします。

Training Note β
トレーニングノート β

数学A

解答・解説

| 第1章 | 場合の数と確率 |

1 集合の要素の個数 (p.2~3)

1 (1) 200 から 800 までの整数の中で，
8 の倍数は，次の 76 個。
$8\cdot 25,\ 8\cdot 26,\ \cdots\cdots,\ 8\cdot 100$
12 の倍数は，次の 50 個。
$12\cdot 17,\ 12\cdot 18,\ \cdots\cdots,\ 12\cdot 66$
15 の倍数は，次の 40 個。
$15\cdot 14,\ 15\cdot 15,\ \cdots\cdots,\ 15\cdot 53$
よって，①は，$n(A)=\mathbf{76}$
　　　　②は，$n(B)=\mathbf{50}$
　　　　③は，$n(C)=\mathbf{40}$

(2) $A\cap B,\ B\cap C,\ C\cap A$ は，それぞれ 24, 60,
120 の倍数の集合である。
$A\cap B=\{24\cdot 9,\ 24\cdot 10,\ \cdots\cdots,\ 24\cdot 33\}$
$B\cap C=\{60\cdot 4,\ 60\cdot 5,\ \cdots\cdots,\ 60\cdot 13\}$
$C\cap A=\{120\cdot 2,\ 120\cdot 3,\ \cdots\cdots,\ 120\cdot 6\}$
よって，④は，$n(A\cap B)=\mathbf{25}$
　　　　⑤は，$n(B\cap C)=\mathbf{10}$
　　　　⑥は，$n(C\cap A)=\mathbf{5}$

(3) 全体集合を U として，
$A,\ B,\ C$ の関係を図
で表し，要素の個数を
入れる。
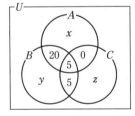
ただし，$A\cap B\cap C$ は
120 の倍数の集合で
$A\cap C$ と一致し，
$A\cap C\cap \overline{B}=\varnothing$ であるが，上の図では，要素の
個数を 0 とすることで代用している。
図の中の $x,\ y,\ z$ は，
$x=n(A\cap \overline{B}\cap \overline{C})$
　$=76-20-5$
　$=51$
$y=n(B\cap \overline{C}\cap \overline{A})$
　$=50-20-5-5$
　$=20$
$z=n(C\cap \overline{A}\cap \overline{B})$
　$=40-5-5$
　$=30$
よって，⑦は，
$n(A\cup B\cup C)$
　$=51+20+30+20+5+5$
　$=\mathbf{131}$

別解 (3)で，$n(A\cup B\cup C)$ は一般に次のような
関係が成り立っている。

$n(A\cup B\cup C)$
$=n(A)+n(B)+n(C)-n(A\cap B)-n(B\cap C)$
　$-n(C\cap A)+n(A\cap B\cap C)$
したがって，
$n(A\cup B\cup C)$
$=76+50+40-25-10-5+5$
$=\mathbf{131}$

2 全体集合を U，A商品
を買った人の集合を P，
B商品を買った人の集合
を Q とする。
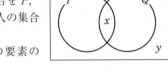
$P\cap Q,\ \overline{P\cup Q}$ の要素の
個数を，
$n(P\cap Q)=x,\ n(\overline{P\cup Q})=y$
とすると，
$n(P\cup Q)=n(P)+n(Q)-n(P\cap Q)$
　　　　　$=80+70-x$
　　　　　$=150-x$
$80\leqq n(P\cup Q)\leqq n(U)=100$
だから，$80\leqq 150-x\leqq 100$
$80\leqq 150-x$ によって，$x\leqq 70$
$150-x\leqq 100$ によって，$x\geqq 50$
したがって，$50\leqq x\leqq 70$ ……(i)
よって，①は，**70**
　　　　②は，**50**
また，両方とも買わなかった人数は，y であるから，
$y=n(\overline{P\cup Q})$
　$=100-n(P\cup Q)$
　$=100-(150-x)$
　$=x-50$
(i)より，$0\leqq y\leqq 20$
よって，③は，**20**
　　　　④は，**0**

3 ある大学の入学者全員
を全体集合 U として，図
で表し，特に右図のよう
に各要素の個数を
$p,\ q,\ r,\ s$
で表す。
(1) $n(A\cup C)$
　$=n(A)+n(C)-n(A\cap C)$
　$78=65+n(C)-11$
　$n(C)=24$
　よって，c大学を受験した者は，**24人**
(2) $p=n(A\cup B\cup C)-n(B\cup C)$
　　$=99-55=44$

次に，$n(A)=65$ を用いて，
$n(A)=p+n(A\cap B)+n(A\cap C)-s$
$65=44+14+11-s$
$s=4$
よって，a 大学，b 大学，c 大学のすべてを受験した者は，**4 人**

別解 $n(A\cup B\cup C)$
$=n(A)+n(B)+n(C)-n(A\cap B)$
$\quad -n(B\cap C)-n(C\cap A)+n(A\cap B\cap C)$
これに代入して，
$99=65+40+24-14-n(B\cap C)-11$
$\qquad +n(A\cap B\cap C)$
$n(A\cap B\cap C)=n(B\cap C)-5$
また，
$n(B\cap C)=n(B)+n(C)-n(B\cup C)$
$\qquad\qquad =40+24-55$
$\qquad\qquad =9$
ゆえに，$n(A\cap B\cap C)=9-5=4$
よって，a 大学，b 大学，c 大学のすべてを受験した者は，**4 人**

(3) 求めるものは，$p+q+r$ である。
$p+q+r$
$=n(A\cup B\cup C)-n(A\cap B)-n(B\cap C)$
$\quad -n(C\cap A)+2\cdot n(A\cap B\cap C)$
$=99-14-n(B\cap C)-11+2\cdot 4$
$=82-n(B\cap C)$
ここで，
$n(B\cap C)=n(B)+n(C)-n(B\cup C)$
$\qquad\qquad =40+24-55$
$\qquad\qquad =9$
だから，$p+q+r=82-9$
$\qquad\qquad\qquad =73$
よって，**73 人**

4　R 大学の学生 130 名を全体集合として，携帯電話利用者の集合を A，個人パソコン利用者の集合を B，実習室パソコン利用者の集合を C とおく。
　3 種のすべてを使っている学生（$A\cap B\cap C$）の人数を x 名とすると，右の図のようになる。
さらに，他の部分集合の要素の個数も求めると，

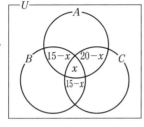

$n(A\cap\overline{B}\cap\overline{C})$
$=60-\{(15-x)+x+(20-x)\}$
$=25+x$
$n(B\cap\overline{C}\cap\overline{A})$
$=40-\{(15-x)+x+(15-x)\}$
$=10+x$

よって，
$n(A\cup B\cup C)$
$=(25+x)+(15-x)+(10+x)+n(C)$
$=120+x$
$n(A\cup B\cup C)\leqq 130$ でなければならないので，7 の倍数である x は 7 に限る。
$n(A\cup B\cup C)=127$
よって，求める人数は，
$130-127=$**3（名）**

別解 $n(A\cap B\cap C)=x$ として，
$\quad n(A\cup B\cup C)$
$\quad =n(A)+n(B)+n(C)-n(A\cap B)-n(B\cap C)$
$\qquad -n(C\cap A)+n(A\cap B\cap C)$
$\quad =60+40+70-15-15-20+x$
$\quad =120+x$
$\quad \leqq 130$
だから，7 の倍数 x は 7 に限る。
よって，求める人数は，
$130-127=$**3（名）**

2　場合の数　　　　　　　　　　（p.4〜5）

5　順に書き並べて数える。
各位の数字の和が 13 となるのは，70 以上 500 以下では次のとおり。

百		1
十	7 8 9	3 4 5 6 7 8 9
一	6 5 4	9 8 7 6 5 4 3

2
2 3 4 5 6 7 8 9
9 8 7 6 5 4 3 2

3
1 2 3 4 5 6 7 8 9
9 8 7 6 5 4 3 2 1

4
0 1 2 3 4 5 6 7 8 9
9 8 7 6 5 4 3 2 1 0

よって，**37 個**

6　百の位が 5 のとき，十の位以下はどの数字でもよいから，$4\times 3=12$（個）
また，百の位が 7 のとき，十の位は 0 か 3 で，一の位はどの数字でもよいから，$2\times 3=6$（個）
よって，$12+6=$**18（個）**

7　選んだ 3 個の数字を a，b，c（$a<b<c$）とする。
3 の倍数にも 5 の倍数にもならないので，$a+b+c$ が 3 の倍数でなく，一の位が 5 にならなければよい。
$c\neq 5$，すなわち 5 を選ばないとき，5 の倍数にはならない。

3

$a+b+c$ が3の倍数にならないのは、
$(a, b, c)=(1, 2, 4), (1, 3, 4)$
のときである。
このとき、3の倍数でも5の倍数でもない3桁の自然数は、$3!\times2=12$(個) ある。
$c=5$、すなわち5を選ぶとき、$a+b+c$ が3の倍数にならないのは、
$(a, b, c)=(1, 2, 5), (1, 4, 5),$
$\qquad\qquad\quad (2, 3, 5), (2, 4, 5)$
のときである。
このとき、5の倍数になるのは一の位が5になるときのみで、それぞれの組に対して2個ずつできる。
よって、3の倍数でも5の倍数でもない3桁の自然数は、$(3!-2)\times4=16$(個) ある。
したがって、求める自然数の個数は、
$12+16=\mathbf{28}$(個)

8 $700=2^2\times5^2\times7$ であるから、素因数分解したもののうち、2を必ず1個以上含む正の約数(偶数)は、
$2\times2^p\times5^q\times7^r$
$\qquad (p=0, 1 : q=0, 1, 2 : r=0, 1)$
と書けるから、約数の個数は、
$2\times3\times2=\mathbf{12}$(個)
また、それらの総和を S とすると、
$S=2\times2^0(1+7+5+5\times7+5^2+5^2\times7)$
$\quad +2\times2^1(1+7+5+5\times7+5^2+5^2\times7)$
$\quad =2(1+2)(1+7)(1+5+5^2)=\mathbf{1488}$

9 〔前半〕10円硬貨6枚、100円硬貨4枚、500円硬貨2枚ならば、1種類の硬貨を複数用いても他の種類の額面にはならないので、それらを使って支払える金額は、
$(6+1)\times(4+1)\times(2+1)-1=\mathbf{104}$(通り)
[別解] 500円硬貨2枚を100円硬貨10枚に取り替えて、10円硬貨6枚、100円硬貨14枚で支払える金額を考えるのと同じであるから、
$(6+1)\times(14+1)-1=\mathbf{104}$(通り)
〔後半〕500円硬貨1枚は、100円硬貨5枚と同じである。そこで、500円硬貨2枚を100円硬貨10枚と取り替えて、10円硬貨4枚、100円硬貨16枚で支払える金額を考えて、
$(4+1)\times(16+1)-1=\mathbf{84}$(通り)

☑**注意**
本問は10円硬貨、100円硬貨、500円硬貨で支払うときに、それぞれの枚数を区別せずに「合計金額は何通りあるか」である。だから、500円硬貨2枚を、100円硬貨10枚に交換してもよい。しかし、それぞれの枚数を区別する「支払い方は何通りあるか」ならば、交換してはいけない。

10 (1)並べた数字を左から順に a, b, c とする。
$M=100a+10b+c,$
$N=100c+10b+a$ だから、
$M+N=100(a+c)+20b+(c+a)$
$\qquad\quad =3(33a+6b+33c)+2(a+b+c)$
よって、$a+b+c$ が3の倍数であればよい。
3個の数の選び方は、
$(1, 2, 3), (1, 2, 6), (1, 3, 5), (1, 5, 6),$
$(2, 3, 4), (2, 4, 6), (3, 4, 5), (4, 5, 6)$
の8通りあるので、カードの並べ方の総数は、
$8\times3!=\mathbf{48}$(通り)
(2)$|M-N|=99|a-c|$ で $a\neq c$ だから、
$|a-c|=1$ または2
これを満たす a, c の値は、
$(1, 2), (2, 1), (2, 3), (3, 2), (3, 4),$
$(4, 3), (4, 5), (5, 4), (5, 6), (6, 5),$
$(1, 3), (3, 1), (2, 4), (4, 2), (3, 5),$
$(5, 3), (4, 6), (6, 4)$ の18通り。
それぞれに対して b の選び方が4通りずつあるので、カードの並べ方の総数は、
$18\times4=\mathbf{72}$(通り)

3 順列① (p.6〜7)

11 ①7個の数字から4個を取る順列と考えて、
${}_7P_4=\mathbf{840}$(個)
②奇数だから、一の位は4個の奇数の中から1個を選び、他の位は残りの6個から3個取る順列と考えて、$4\times{}_6P_3=\mathbf{480}$(個)

12 (1)5桁の偶数だから、一の位は3個の偶数で、他の位は残り6個の数字から4個取る順列と考えて、
$3\times{}_6P_4=\mathbf{1080}$(通り)
(2)数字1が、1つの位にくる回数は、残りの数字を、残りの位に並べる総数と一致するから、${}_3P_3=6$ 回である。つまり、1は千の位に6回、百の位に6回、十の位に6回、そして一の位に6回くるから、和は、$1\times(1000+100+10+1)\times6$
他の数字2, 3, 4においても同様に考えられるから、4桁の整数すべての和は、
$(1+2+3+4)\times1111\times6=\mathbf{66660}$
(3)1が千の位にくる回数は、残りの6個の数字から3個選んで1列に並べる総数に一致するから、${}_6P_3$ 回であり、他の位へも同じ回数である。他の数字も同様にすると、求めるすべての和は、
$(1+2+3+4+5+6+7)\times1111\times{}_6P_3$
$=\mathbf{3732960}$

13 (1)3種類のサイズの配置は、$3!$ 通り。
各サイズ内での並べ方は、

$3! \times 4! \times 3!$（通り）

　よって，求める並べ方は，

　　$3! \times 3! \times 4! \times 3! = \mathbf{5184}$（通り）

(2)文庫本とＢ４判の本のとき，

　　$3 \times 4 = 12$（通り）

　Ｂ４判とＡ４判の本のとき，

　　$4 \times 3 = 12$（通り）

　Ａ４判と文庫本のとき，

　　$3 \times 3 = 9$（通り）

　よって，求める選び方は，

　　$12 + 12 + 9 = \mathbf{33}$（通り）

14 (1)男子４人の中から２人を選んで両端に配置し，残った男女５人を１列に並べればよいから，

　　$_4P_2 \times 5! = \mathbf{1440}$（通り）

(2)女子が隣り合わないために，男子４人を１列に並べ，その間と両端の５か所の場所から３か所に女子３人を配置する。

　　$4! \times {}_5P_3 = \mathbf{1440}$（通り）

(3)女子３人から２人を選ぶ方法が，３通り

　(2)と同様に，男子４人を並べ，その間と両端の５か所のうち２か所に，女子２人組と１人をそれぞれ配置する。

　女子２人組の並び方も２通りあるから，

　　$3 \times 4! \times {}_5P_2 \times 2 = \mathbf{2880}$（通り）

---

4 順列 ② (p.8～9)

15 (1)６人の円順列として，

　　$(6-1)! = 5! = \mathbf{120}$（通り）

(2)両親を１組とみなして，５人の円順列と考える。ただし，両親の並び方が２通りある。

　よって，$(5-1)! \times 2 = \mathbf{48}$（通り）

(3)両親の１人をまず固定して，その正面にもう１人の親を配置するから，１通り

　さらに，４人の子どもを１列に並べ，固定した１人の親の左隣から順に，右上の図のように配置する。

　よって，$1 \times 4! = \mathbf{24}$（通り）

(4)男性３人を円順列で配置して，男性の間３か所に女性３人を順列で配置するから，

　　$(3-1)! \times 3!$

　　$= \mathbf{12}$（通り）

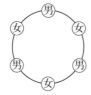

☑注意

n 人が座席に座るとき，１列に並ぶならば，$n!$ 通りの並び方があり，違う並び方に見えている

ものが，円形に並ぶと先頭と最後尾が隣り合い，同じものに見えるものがある。これを防ぐために，ある１人を固定し，その１人を常に先頭とする順列を考えれば，重複して数えることを防げる。つまり，$(n-1)$ 人の順列を考えて，$(n-1)!$ 通りとなる。

　１人を固定すればいいのだから，(4)において男性に円順列を適用したら，女性の配置には円順列を用いる必要はない。

　よって，$(3-1)! \times (3-1)!$ 通りとはしない。

16 (1)７人の円順列で，

　　$(7-1)! = \mathbf{720}$（通り）

(2)祖父と母の２人の席を固定しているから，残り５人は順列で考えて，$5! = \mathbf{120}$（通り）

(3)祖母が２番のとき，父は４番か６番にしか座れない。父が座ったあと，残りの３席に孫が座ると考えて，$2 \times 3! = 12$（通り）

　祖母が３番のとき，父と孫はどこに座ってもよいから，$4! = 24$（通り）

　祖母が４番のとき，父は２番，６番，７番で，残りには孫が座るから，$3 \times 3! = 18$（通り）

　祖母が６番のとき，父は２番，３番，４番で，残りには孫が座るから，$3 \times 3! = 18$（通り）

　祖母が７番のとき，父は３番，４番で，残りには孫が座るから，$2 \times 3! = 12$（通り）

　よって，求める座り方は，

　　$12 \times 2 + 18 \times 2 + 24 = \mathbf{84}$（通り）

17 (1)n 桁の整数は，先頭の位が１，２，３のいずれかで，それ以外の位が０，１，２，３のいずれかであるから，$3 \times 4^{n-1}$ 通り作ることができる。

　そのうち０を使わないものは，各位が１，２，３のいずれかであるから，3^n 通りできる。

　よって，求める個数は，$3 \cdot 4^{n-1} - 3^n$（個）

(2)$n=5$ のときの整数は，$3 \cdot 4^4 - 3^5 = 525$（個）だから，ちょうど真ん中の整数は，263 番目である。

　① １から始まる整数は，０を使うものを含めると 4^4 個で，そのうち０を使わないものが 3^4 個だから，$4^4 - 3^4 = 175$（個）

　② 20 から始まる整数は，$4^3 = 64$（個）

　③ 210 から始まる整数は，$4^2 = 16$（個）

　④ 211 から始まる整数は，$4^2 - 3^2 = 7$（個）

　ここまでの整数の個数が，

　　$175 + 64 + 16 + 7 = 262$（個）である。

　よって，求める整数は，263 番目である**21200**

18 M, O, A がそれぞれ 2 文字ずつあるから，同じものを含む順列として，

$$\frac{8!}{2!2!2!}=5040(通り)\ \cdots\cdots①$$

AA が 1 文字であるとみなして，

$$\frac{7!}{2!2!}=1260(通り)\ \cdots\cdots②$$

19 s が 3 文字，c が 2 文字あるから，同じものを含む順列として，

$$\frac{7!}{3!2!}=420(通り)\ \cdots\cdots①$$

c が隣り合うものは，cc を 1 文字とみて，

$$\frac{6!}{3!}=120(通り)$$

となるから，$420-120=300(通り)\ \cdots\cdots②$

c を両端に固定して，それ以外の 5 文字は s が 3 文字，u と e が 1 文字ずつ並ぶから，

$$\frac{5!}{3!}=20(通り)\ \cdots\cdots③$$

20 (1) 0 以外の数を A, B, C で表す。4 個の数字の組を，次のように 4 タイプに分ける。

(i) {0, A, B, C} のとき，

千の位には 0 はこないから，$3\times3!=18(個)$

(ii) {0, A, B, B} のとき，

A, B の決め方が 4 通りあり，その並べ方は⑦で B＝C とみるから，半分となる。

よって，$4\times18\div2=36(個)$

(iii) {A, B, C, C} のとき，

C にくるのは 2 か 3 で 2 通りであるから，

$$\frac{4!}{2!}\times2=24(個)$$

(iv) {A, A, B, B} のとき

A, B にくるのは 2 と 3 だけであるから，

$$\frac{4!}{2!2!}=6(個)$$

(i)〜(iv)より，$18+36+24+6=\textbf{84(個)}$

(2) 大きいほうから数えていく。

(i) 千の位が 3 の数は，下 3 桁は残り 5 個のうち，どの 3 個でもよい。

3 個とも異なる数字のときは，

$$_4P_3=24(個)$$

3 個の中に 2 が 2 つ含まれるときは，

$$\frac{3!}{2!}\times3=9(個)$$

よって，$24+9=33(個)$

(ii) 千の位が 2 の数で 2331 より大きい数は，2332 のみなので，1 個

(i), (ii) より，$84-33-1=50$

よって，2331 は小さいほうから **50 番目**

0 を含む場合，(1) のように場合分けをしなければならない。しかし，(2) のように千の位の数字が決まり，千の位に 0 がこない場合は簡単に求められるため，大きいほうから数えた。

21 座標 1 つ分の移動で，

右向きを →（x 座標が 1 つ増える）

左向きを ←（x 座標が 1 つ減る）

上向きを ↑（y 座標が 1 つ増える）

下向きを ↓（y 座標が 1 つ減る）

で表す。

(1) 最短であるから，→ が 3 個，↑ が 4 個あるのを，順に 1 列に並べるのと同じ。

よって，$\dfrac{7!}{3!4!}=35(通り)$

(2) → が 3 個，↑ が 4 個ある以外に，↓ と ↑，または ← と → の組がどちらか 1 組含まれている。

つまり，→ が 3 個，↑ が 5 個，↓ が 1 個で，

$$\frac{9!}{3!5!}=504(通り)$$

そして，→ が 4 個，↑ が 4 個，← が 1 個で，

$$\frac{9!}{4!4!}=630(通り)$$

あわせて，$504+630=\textbf{1134(通り)}$

22 正七角形の 7 個の頂点から 3 個を選ぶとき，三角形は

$$_7C_3=\textbf{35(個)}\ \cdots\cdots①$$

さらに，対角線どうしの交点 35 個から 1 個選び，正七角形の頂点から 2 個選ぶとき，3 点が一直線上に並ぶならば，三角形はできない。

$$_{35}C_1\times(_7C_2-2)=665(個)$$

よって，$35+665=\textbf{700(個)}\ \cdots\cdots②$

23 ワンペアでは，13 個の数から 1 つを選び，その数を持つ 4 枚のカードから 2 種類を選ぶ。さらに，他のペアが発生しないように，残りの 12 個から異なる 3 個を選び，4 種類のカードをあてはめる。

つまり，その選び方は，

$$a=(13\times_4C_2)\times(_{12}C_3\times4^3)$$

同様に，スリーカードとなる選び方は，

$$b=(13\times_4C_3)\times(_{12}C_2\times4^2)$$

フルハウスとなる選び方は，

$$c=(13\times_4C_3)\times(12\times_4C_2)$$

よって，$\dfrac{a}{b}=\textbf{20}\ \cdots\cdots①,\quad \dfrac{3b}{c}=\textbf{44}\ \cdots\cdots②$

24 (1) A に 2 人，B に 3 人入れる場合と，A に 3 人，B に 2 人入れる場合があるから，

$_5C_2+_5C_3=20$（通り）

(2) 5 人それぞれが 2 通りの部屋の選び方があり，全員が同じ部屋にはいってもよいから，

$2^5=32$（通り）

25 (1) ボールの入れ方の総数は，2^n 通りであるが，一方の箱にすべてはいる場合が 2 通り。

よって，$N(n, 2)=2^n-2$

(2) ボールの入れ方の総数は，3^n 通りであるが，2 つの箱にはいってしまうのは，

$_3C_2(2^n-2)$ 通り。

1 つの箱にすべてはいってしまうのは，3 通り。

よって，$N(n, 3)=3^n-_3C_2(2^n-2)-3$
$=3^n-3\cdot2^n+3$

---

7 組合せ ② (p.14～15)

26 チームの中に女性がちょうど 2 名ならば，男性は 3 名なので，編成方法は，

$_3C_2\times_8C_3=168$（通り）……①

女性を 1 人も含まない編成方法は，

$_8C_5=56$（通り）……②

男女を問わない編成方法は $_{11}C_5$ 通りだから，少なくとも女性を 1 人含む編成は，

$_{11}C_5-_8C_5=406$（通り）……③

27 (1) 女子 4 人を 1 人ずつ分けるから，それぞれのグループ名はその女子の名まえとする。

したがって，その区別のつく 4 つのグループに 2 人ずつ男子を割り振るから，

$_8C_2\times_6C_2\times_4C_2\times_2C_2=2520$（通り）

別解 4 つのグループの人数が同数だから，グループに区別はないが，仮に 4 つのグループに名称があるとして，

第 1 グループの選び方は，$_8C_2\times_4C_1$

第 2 グループの選び方は，$_6C_2\times_3C_1$

第 3 グループの選び方は，$_4C_2\times_2C_1$

残った人を第 4 グループにする。

しかし，実際にはグループに区別はないから，4! で割る。

$(_8C_2\times_4C_1)\times(_6C_2\times_3C_1)\times(_4C_2\times_2C_1)\div4!$
$=2520$（通り）

(2) それぞれのグループに名称がついているとみなして，12 人を分ける。しかし，グループ名は実はついていないため，男子 3 人の 2 グループ間には区別がないから，2 で割っておく。

$_8C_3\times_5C_3\times_4C_1\div2=1120$（通り）

28 5 つの設問がすべて 20 点ならば，80 点となるのは次の場合である。

・1 番から 5 番のどれか 1 つが 0 点

$_5C_1=5$（通り）

・1 番から 5 番の 2 つがともに 10 点ずつ

$_5C_2=10$（通り）

よって，$5+10=15$（通り）……①

次に，1 番が 10 点，2 番から 4 番までが 20 点，5 番が 30 点ならば，80 点となるのは次の場合である。

・2 番から 4 番の 1 つが 0 点 $_3C_1=3$（通り）

・2 番から 4 番の 2 つがともに 10 点ずつ

$_3C_2=3$（通り）

・1 番が 0 点で，2 番から 4 番の 1 つが 10 点

$_3C_1=3$（通り）

・1 番と 5 番がそれぞれ 5 点，15 点 1 通り

よって，$3+3+3+1=10$（通り）……②

29 a，b，c は 0 か 1 か 2 で，$a\leqq b\leqq c$ だから，$a+b+c$ が 3 の倍数となる組は，

$(0, 0, 0)$，$(1, 1, 1)$，$(2, 2, 2)$，

$(0, 1, 2)$ ……①

1 から 20 までの整数を 3 で割った余りによって分類をすると，次のようになる。

余りが 0 ……3，6，9，12，15，18

余りが 1 ……1，4，7，10，13，16，19

余りが 2 ……2，5，8，11，14，17，20

このとき，余り a，b，c について，$a+b+c$ が 3 の倍数になれば，もとの 3 数の和は 3 の倍数になる。

$(a, b, c)=(0, 0, 0)$ となるような 1 から 20 までの整数の組の選び方は，$_6C_3=20$（通り）

同様に，$(a, b, c)=(1, 1, 1)$，$(2, 2, 2)$ となるのは，$_7C_3=35$（通り）ずつ。

$(a, b, c) = (0, 1, 2)$ となるのは,
$6 \times 7 \times 7 = 294$(通り)
よって, $a+b+c$ が 3 の倍数となるのは,
$20 + 35 \times 2 + 294 = \mathbf{384}$(通り) ……②

30 10 人の委員から 5 人を選ぶ方法は,
$_{10}C_5 = 252$(通り)
このとき, 同じクラスから選出された男女の組がまったくいない選び方は, 各クラス 2 人の委員のうち, どちらか 1 人を選ぶ方法の総数と一致するから,
$2^5 = 32$(通り)
よって, $252 - 32 = \mathbf{220}$(通り)

---

8 組合せ ③ (p.16〜17)

31 (1)すべての玉が互いに異なる大きさを持つから, 同じ色でも区別がつくと考えて,
$_9C_3 = \mathbf{84}$(通り)

(2)(1)の場合で, 3 個の中に赤玉がまったくはいっていない選び方は, 赤色以外の 5 個から 3 個を選ぶときだから,
$_5C_3 = 10$(通り)
よって, $84 - 10 = \mathbf{74}$(通り)

(3)すべての玉が同じ大きさなので, 同じ色の玉は区別できないから, 3 個の玉の選び方の総数は 3 個の玉の色の決め方と一致する。ただし, 黄色は 2 個以下しか使えない。
色の決め方は次のとおり。
(ⅰ)3 個とも同じ色の場合
   2 通り
(ⅱ)2 個が同じ色で, もう 1 個は別の色の場合
   $3 \times 2 = 6$(通り)
(ⅲ)3 個とも異なる色の場合
   1 通り
(ⅰ)〜(ⅲ)より, $2+6+1 = \mathbf{9}$(通り)

別解 具体的にそれぞれの色の玉が何個あるか, 書き並べていく。
(赤, 青, 黄)
$= (3, 0, 0), (2, 1, 0), (2, 0, 1),$
$(1, 2, 0), (1, 1, 1), (1, 0, 2),$
$(0, 1, 2), (0, 2, 1), (0, 3, 0)$
よって, **9 通り**

(4)(ⅰ)3 個とも同じ色の場合
   3 個の箱に 1 個ずつ入れるのは, 1 通り
   (3)より色の決め方が 2 通りだから,
   $1 \times 2 = 2$(通り)
(ⅱ)2 個が同じ色で, もう 1 個は別の色の場合
   箱への入れ方は 3 通り
   (3)より色の決め方が 6 通りだから,
   $3 \times 6 = 18$(通り)

(ⅲ)3 個とも異なる色の場合
   3 色の並べ方が, $3! = 6$(通り)
   それを箱の大きさの順に入れればよい。
(ⅰ)〜(ⅲ)より, $2 + 18 + 6 = \mathbf{26}$(通り)

32 (1)区別できない 10 個の玉を, 区別できない 4 個の箱に分けるから, 玉の個数のみに注目する。つまり, 10 を 4 個の 0 以上の整数の和で表す方法を考えることになる。
$(10, 0, 0, 0), (9, 1, 0, 0)$
$(8, 2, 0, 0), (8, 1, 1, 0)$
$(7, 3, 0, 0), (7, 2, 1, 0)$
$(7, 1, 1, 1), (6, 4, 0, 0)$
$(6, 3, 1, 0), (6, 2, 2, 0)$
$(6, 2, 1, 1), (5, 5, 0, 0)$
$(5, 4, 1, 0), (5, 3, 2, 0)$
$(5, 3, 1, 1), (5, 2, 2, 1)$
$(4, 4, 2, 0), (4, 4, 1, 1)$
$(4, 3, 3, 0), (4, 3, 2, 1)$
$(4, 2, 2, 2), (3, 3, 3, 1)$
$(3, 3, 2, 2)$
よって, **23 通り**

(2)区別できない 10 個の玉を, 区別できる 4 個の箱に分ける方法の総数は $4 - 1 = 3$(本) の仕切り線を用意して, 10 個の玉と 3 本の仕切り線のはいる合計 13 個の場所から 3 本の仕切り線の場所を選び, 残りの場所に 10 個の玉を入れる方法の総数と一致する。
よって, $_{13}C_3 = \mathbf{286}$(通り)

(3)区別できる 4 個の箱に赤玉 6 個を入れる方法の総数と, 白玉 4 個を入れる方法の総数を(2)と同様に求めて, 積をとる。
よって, $_{6+3}C_3 \times _{4+3}C_3 = \mathbf{2940}$(通り)

☑ **注意**
(2)では, 区別できない 10 個の玉を, 区別できる 4 個の箱に分けた。その箱を A, B, C, D と名づけると, そこから, 重複を許して 10 個選ぶことと同じである。
例えば, A に 3 個, B に 5 個, D に 2 個ならば, 並べ換えて,
Ⓐ Ⓐ Ⓐ Ⓑ Ⓑ Ⓑ Ⓑ Ⓑ Ⓓ Ⓓ
となるものは,
○○○｜○○○○○｜ ｜○○
として表すことができる。
つまり, $(10+4-1)$ 個の場所から 10 個の場所を選んで, 残りに仕切り線を入れればよい。
n 種類のものから重複を許して r 個取り出す方法(これを**重複組合せ**と呼ぶ)の総数を $_nH_r$ で表し, $_nH_r = _{n+r-1}C_r$ である。

33 $x=X+1$, $y=Y+1$, $z=Z+1$ とおくと，
$X+Y+Z=16$ だから，
$x+y+z=19$，$x\geqq0$，$y\geqq0$，$z\geqq0$
となるから，x，y，z の 3 種類から重複を許して
19 個とることになるから，
$${}_{19+3-1}\mathrm{C}_{19}={}_{21}\mathrm{C}_2$$
$$=210(通り)$$

---

9 事象と確率 *(p.18〜19)*

34 2 個のさいころの目で，一方の目の数が他方の目の数の整数倍になっている組に，右の図のように○を打ち，そうでない組に×を打つと，○印は 22 個ある。
よって，求める確率は

	1	2	3	4	5	6
1	○	○	○	○	○	○
2	○	○	×	○	×	○
3	○	×	○	×	×	○
4	○	○	×	○	×	×
5	○	×	×	×	○	×
6	○	○	○	×	×	○

$$\frac{22}{6\times6}=\frac{11}{18}$$

35 偶数になるのは，一の位が偶数のときだから，C のさいころの目のみで考えればよいので，
$$\frac{3}{6}=\frac{1}{2}\ \cdots\cdots①$$
4 の倍数になるのは，3 桁の整数の下 2 桁が 4 の倍数のときである。A の目は何でもよく，B と C の目が次のようになる。
$(\mathrm{B}, \mathrm{C})=(1, 2), (1, 6), (2, 4),$
$\qquad\qquad(3, 2), (3, 6), (4, 4),$
$\qquad\qquad(5, 2), (5, 6), (6, 4)$
よって，$\dfrac{9}{6\times6}=\dfrac{1}{4}\ \cdots\cdots②$
9 の倍数になるのは，3 桁の整数の各位の数の和が 9 の倍数になるときである。
・A，B，C が異なる 3 数となるとき，それぞれの数の組に対して 6 通りの取り方がある。
$(1, 2, 6), (1, 3, 5), (2, 3, 4)$
よって，$3\times6=18(通り)$
・A，B，C のうち 2 数だけが同じになるとき，それぞれの数の組に対して 3 通りの取り方がある。
$(1, 4, 4), (5, 2, 2)$
よって，$2\times3=6(通り)$
・A，B，C が同じ数となるとき，それぞれの数の組に対して 1 通りの取り方しかできない。
$(3, 3, 3), (6, 6, 6)$
よって，$2\times1=2(通り)$
したがって，$\dfrac{18+6+2}{6\times6\times6}=\dfrac{13}{108}\ \cdots\cdots③$

---

36 53000 より大きい整数を考える。
(i)最高位の数字が 6 か 7 のものはすべてで，
$2\times{}_6\mathrm{P}_4=720(個)$
(ii)最高位の数字が 5 のものは，千の位が
3，4，6，7
の 4 通りで，それ以外の位は何でもよい。
$4\times{}_5\mathrm{P}_3=240(個)$
(i)，(ii)より，53000 より大きい確率は，
$$\frac{720+240}{{}_7\mathrm{P}_5}=\frac{8}{21}\ \cdots\cdots①$$
次に，偶数の数字と奇数の数字が交互に並んだ整数は，一万，百，一の位の数字の並び方と千，十の位の数字の並び方に分けて考えればよいから，
$$\frac{{}_4\mathrm{P}_3\times{}_3\mathrm{P}_2+{}_3\mathrm{P}_3\times{}_4\mathrm{P}_2}{{}_7\mathrm{P}_5}=\frac{3}{35}\ \cdots\cdots②$$

37 (1)赤い札が 4 枚になるのは，${}_5\mathrm{C}_4$ 通り
白い札が 4 枚になるのは，${}_7\mathrm{C}_4$ 通り
よって，$\dfrac{{}_5\mathrm{C}_4+{}_7\mathrm{C}_4}{{}_{12}\mathrm{C}_4}=\dfrac{8}{99}$
(2)\{1, 2, 3, 4\} と \{2, 3, 4, 5\} の組は各数字の札が 2 枚ずつだから，$2^4\times2$ 通り
\{3, 4, 5, 6\} の組は，6 が白札しかないから，
2^3 通り
\{4, 5, 6, 7\} の組は，6，7 が白札しかないから，
2^2 通り
よって，$\dfrac{2^4\times2+2^3+2^2}{{}_{12}\mathrm{C}_4}=\dfrac{4}{45}$
(3)4 枚の札が同じ色で連続するものは，
赤札で \{1, 2, 3, 4\}
白札で \{1, 2, 3, 4\}
赤札で \{2, 3, 4, 5\}
白札で \{2, 3, 4, 5\}
白札で \{3, 4, 5, 6\}
白札で \{4, 5, 6, 7\}
の 6 通りしかない。
よって，$\dfrac{6}{{}_{12}\mathrm{C}_4}=\dfrac{2}{165}$

---

10 確率の基本性質 ① *(p.20〜21)*

38 (1)1 から 4 までの 8 枚のカードから 4 枚を取り出す確率になるから，$\dfrac{{}_8\mathrm{C}_4}{{}_{10}\mathrm{C}_4}=\dfrac{1}{3}$
(2)1 から 5 までのそれぞれ 1 枚ずつのカードから 4 枚を取り出すが，それぞれの番号には 2 枚ずつのカードがあるから，$\dfrac{{}_5\mathrm{C}_4\times2^4}{{}_{10}\mathrm{C}_4}=\dfrac{8}{21}$
(3)2 種類のカードが 2 枚ずつ 4 枚になっているのだから，2 種類の数字を選べばよい。

9

$$\frac{{}_5C_2}{{}_{10}C_4}=\frac{1}{21}$$

(4) 「4枚のカードで番号の合計が7以下」とは，
{1, 1, 2, 2}か{1, 1, 2, 3}の組しかない。
{1, 1, 2, 2}は1組のみであり，{1, 1, 2, 3}
は2と3の選び方で4通りあるから，

$$\frac{1+4}{{}_{10}C_4}=\frac{1}{42}$$

39 部員が6人のとき，つり銭切れが起きるのは，4
人以上が同時に千円札で支払うときであり，その確
率は，$\dfrac{{}_6C_4+{}_6C_5+{}_6C_6}{2^6}=\dfrac{11}{32}$ ……①

部員が5人のとき，つり銭切れが起きるのは3人以
上が同時に千円札で支払うときであり，その確率は，

$$\frac{{}_5C_3+{}_5C_4+{}_5C_5}{2^5}=\frac{1}{2}\ \cdots\cdots②$$

40 4人が同じ色のユニフォームを着ているのは，4
色だから4通りある。その確率は，

$$\frac{4}{{}_{16}C_4}=\frac{1}{455}\ \cdots\cdots①$$

次に，4人が同じ色のユニフォームと帽子を身につ
けているのは1通りしかないから，その確率は，

$$\frac{1}{{}_{16}C_4}=\frac{1}{1820}\ \cdots\cdots②$$

そして，4人のユニフォームが2色になるのは，4
色中2色の決め方が${}_4C_2$通りで，その色のユニフォ
ームを着る人数が，

(3人，1人)，(2人，2人)，(1人，3人)

よって，その確率は，

$$\frac{{}_4C_2\times({}_4C_3\times{}_4C_1+{}_4C_2\times{}_4C_2+{}_4C_1\times{}_4C_3)}{{}_{16}C_4}$$

$$=\frac{102}{455}\ \cdots\cdots③$$

---

11 確率の基本性質 ②　　　(p.22〜23)

41 さいころを3回投げるとき，「4が最大」とは4
より大きい目が出ず，「4が必ず1回以上出ること」
だから，4以下の目のみが出る場合から，3以下の
目のみが出る場合を除いたものである。

よって，$\dfrac{4^3-3^3}{6^3}=\dfrac{37}{216}$

☑ 注意
単に4以下の目が3回出るとして，
$$\left(\frac{4}{6}\right)^3=\frac{8}{27}$$
とすると，例えば，(2, 1, 3) などのように4
の目がまったく出ない場合も含まれてしまう。

42 (1) $\dfrac{{}_3C_1\times{}_4C_2\times{}_5C_2}{{}_{12}C_5}=\dfrac{5}{22}$

---

(2) 「赤玉がまったく出ない」とは，赤玉以外の9個
から5個を取り出すことで，求める確率は
1－(赤玉がまったく出ない確率)

$$=1-\frac{{}_9C_5}{{}_{12}C_5}$$

$$=\frac{37}{44}$$

43 aとbが隣り合うとき，aとbの組を1人とみて，
4人が1列に並ぶ方法の総数が4! 通りある。しか
し，aとbの左右の並び方で2通りあるから，求め
る確率は，$\dfrac{4!\times2}{5!}=\dfrac{2}{5}$ ……①

aとbが隣り合わない確率は，
1－(aとbが隣り合う確率)

$$=1-\frac{2}{5}$$

$$=\frac{3}{5}\ \cdots\cdots②$$

44 (1)直角三角形ができるのは
線分 AD を斜辺とすると
き，残りの1点が B，C，
E，F のどれかになるとき
である。線分 BE，線分
CF も同様。
また，3点を決めたとき，
その3点が大，中，小のどのさいころの目になる
かが3! 通りあるから，求める確率は，

$$\frac{(4\times3)\times3!}{6^3}=\frac{1}{3}$$

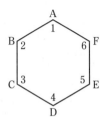

(2) A，C，E の3点となるときと，B，D，F の3
点となるときが，正三角形となる。それぞれの3
点に対して，大，中，小のどのさいころの目にな
るかが3! 通りあるから，求める確率は，

$$\frac{2\times3!}{6^3}=\frac{1}{18}$$

☑ 注意
図では，頂点 A，B，C，D，E，F に数字
1〜6をこの順に対応させているが，数字は，
他の順であってもかまわない。しかし，どの数
字の組をとるのも同様に確からしいので，その
ことを考えなくてもよい。

45 (1)A社の不良品は，A，B 両社の製品100個中に
4個しかないから，求める確率は，

$$\frac{4}{100}=\frac{1}{25}$$

(2)A社の良品は，36個だから，

$$\frac{{}_{36}C_2}{{}_{100}C_2}=\frac{7}{55}$$

(3)B社の製品60個中の不良品がn個であるとする。

A，B両社の製品100個から2個取り出すとき，B社の不良品が0個か1個の確率は，

$$\frac{{}_{100-n}C_2 + {}_{100-n}C_1 \times {}_nC_1}{{}_{100}C_2} = \frac{9894}{9900}$$

左辺の分子は，

$$\frac{(100-n)(99-n)}{2} + (100-n)n$$

$$= \frac{1}{2}(100-n)(99+n)$$

であるから

$$\frac{(100-n)(99+n)}{9900} = \frac{9894}{9900}$$

$$(100-n)(99+n) = 9894$$

$$n^2 - n - 6 = 0$$

$$(n-3)(n+2) = 0$$

$n > 0$ だから，$n = 3$

よって，**3個**

12 独立な試行の確率　(p.24～25)

46 (1)Aが勝つのは，

AとBがともに黒玉のとき

AとBがともに白玉のとき

の2つの場合があるから，その確率は，

$$\frac{3 \times 2}{5 \times 5} + \frac{2 \times 3}{5 \times 5} = \frac{12}{25} \quad \cdots\cdots①$$

(2)取り出した4個がすべて黒玉である確率は，

$$\frac{{}_3C_2 \times {}_2C_2}{{}_5C_2 \times {}_5C_2} = \frac{3}{100} \quad \cdots\cdots②$$

A，Bそれぞれが取り出す玉は2個だから，2人の取り出す黒玉の個数の合計が偶数なのは，次のような取り出し方である。

Aが黒2個，Bが黒2個

Aが黒2個，Bが白2個

Aが黒1個白1個，Bが黒1個白1個

Aが白2個，Bが黒2個

Aが白2個，Bが白2個

よって，Aが勝つ確率は，

$$\frac{3}{100} + \frac{({}_3C_2)^2}{({}_5C_2)^2} + \frac{({}_3C_1 \times {}_2C_1)^2}{({}_5C_2)^2} + \frac{({}_2C_2)^2}{({}_5C_2)^2}$$

$$+ \frac{{}_2C_2 \times {}_3C_2}{({}_5C_2)^2}$$

$$= \frac{13}{25} \quad \cdots\cdots③$$

47 AからBへ電流が流れるのは，

$\{S_1\}$，$\{S_2, S_3\}$，$\{S_4, S_5, S_6\}$

のどれかの組のすべてのスイッチと，S_7がともにONのとき。

そこで，$\{S_1\}$，$\{S_2, S_3\}$，$\{S_4, S_5, S_6\}$の組において，どこも電流が流れない事象の余事象の確率を考えると，

$$1 - \left(1 - \frac{1}{2}\right)\left\{1 - \left(\frac{1}{2}\right)^2\right\}\left\{1 - \left(\frac{1}{2}\right)^3\right\} = \frac{43}{64}$$

これが，3組のうち，少なくとも1組は電流が流れる確率だから，これにS_7のスイッチでONになる確率をかければよい。

よって，$\dfrac{43}{64} \times \dfrac{1}{2} = \dfrac{43}{128}$

48 Aが4点を獲得するのは，βとγが消されたときである。αの状態には影響されない。

よって，

$$\frac{1}{3} \times \frac{1}{5} = \frac{1}{15} \quad \cdots\cdots①$$

次に，α，β，γのうち，残っているものに○，消されたものに×をつけて場合分けをする。

α○，β×，γ×とα×，β×，γ×の場合は，4点はAで，確率は$\dfrac{1}{15}$だから，それ以外を調べる。

(i) α○，β○，γ○　　4点はD

確率は，$\dfrac{1}{2} \times \dfrac{2}{3} \times \dfrac{4}{5} = \dfrac{8}{30}$

(ii) α○，β○，γ×　　4点はB

確率は，$\dfrac{1}{2} \times \dfrac{2}{3} \times \dfrac{1}{5} = \dfrac{2}{30}$

(iii) α○，β×，γ○　　4点はD

確率は，$\dfrac{1}{2} \times \dfrac{1}{3} \times \dfrac{4}{5} = \dfrac{4}{30}$

(iv) α×，β○，γ○　　4点はD

確率は，$\dfrac{1}{2} \times \dfrac{2}{3} \times \dfrac{4}{5} = \dfrac{8}{30}$

(v) α×，β○，γ×　　4点はC

確率は，$\dfrac{1}{2} \times \dfrac{2}{3} \times \dfrac{1}{5} = \dfrac{2}{30}$

(vi) α×，β×，γ○　　4点はD

確率は，$\dfrac{1}{2} \times \dfrac{1}{3} \times \dfrac{4}{5} = \dfrac{4}{30}$

(i)～(vi)より，4点をとる確率が，

Aは$\dfrac{1}{15}$，Bは$\dfrac{1}{15}$，Cは$\dfrac{1}{15}$，

Dは$\dfrac{8}{30} + \dfrac{4}{30} + \dfrac{8}{30} + \dfrac{4}{30} = \dfrac{12}{15}$

よって，4点を獲得する確率が最も高い者は**D**である。$\cdots\cdots②$

49 (1)3回目はどんなカードでもよいので，異なるn枚から2枚を組合せとして取り出し，大きいほうをx，小さいほうをyと考えればよいから，求める確率は，$p = \dfrac{{}_nC_2}{n^2} = \dfrac{n-1}{2n}$

(2)$2x = y + z$ だから，$y + z$ が偶数となる (y, z) の組の個数を調べる。

$y + z$ が偶数となる (y, z) の組は，ともに偶数かともに奇数の場合である。

(ⅰ)n が偶数のとき

求める確率は, $q = \left(\dfrac{n}{2}\right)^2 \times 2 \times \dfrac{1}{n^3}$

$$= \dfrac{1}{2n}$$

(ⅱ)n が奇数のとき

同様に考えて,

$$q = \left\{\left(\dfrac{n-1}{2}\right)^2 + \left(\dfrac{n+1}{2}\right)^2\right\} \times \dfrac{1}{n^3}$$

$$= \dfrac{n^2+1}{2n^3}$$

13 反復試行の確率 ①　　　　(p.26〜27)

50 赤い玉が一度も現れないのは, 青と緑の玉のみを取り出し続けるときだから, 確率は,

$$\left(\dfrac{2}{3}\right)^3 = \dfrac{8}{27} \quad \cdots\cdots ①$$

「4回目に初めてすべての色が現れる」とは, 3回目までに, 2色がそれぞれ2回と1回現れていて, 4回目に3色目が現れる確率である。

3回目までに2回現れる色と1回現れる色の選び方は, ${}_3\mathrm{P}_2$ 通りだから, 初めの3回の確率は,

$${}_3\mathrm{P}_2 \times {}_3\mathrm{C}_2 \left(\dfrac{1}{3}\right)^2 \left(\dfrac{1}{3}\right)$$

4回目に残りの1色が現れる確率は, $\dfrac{1}{3}$

よって, 求める確率は,

$${}_3\mathrm{P}_2 \times {}_3\mathrm{C}_2 \left(\dfrac{1}{3}\right)^2 \left(\dfrac{1}{3}\right) \times \dfrac{1}{3} = \dfrac{2}{9} \quad \cdots\cdots ②$$

☑注意

(イ)で, 3色の中から2色を選ぶと考えて,

$${}_3\mathrm{C}_2 \times {}_3\mathrm{C}_2 \left(\dfrac{1}{3}\right)^2 \left(\dfrac{1}{3}\right) \times \dfrac{1}{3} = \dfrac{1}{9}$$

とすると, その2色のどちらが2回出る色かを考えていないことになる。

あるいは,

$${}_3\mathrm{C}_2 \times \left(\dfrac{2}{3}\right)^3 \times \dfrac{1}{3} = \dfrac{8}{27} \times \dfrac{1}{3} = \dfrac{2}{9} \times \dfrac{4}{3}$$

とすると, その2色のうち1色しか出ない場合も含まれていることになる。

51 P_1 とは3回投げて, 表が1回か2回出る確率だから, $P_1 = {}_3\mathrm{C}_1 \left(\dfrac{1}{2}\right)^3 + {}_3\mathrm{C}_2 \left(\dfrac{1}{2}\right)^3$

$$= \dfrac{3}{4} \quad \cdots\cdots ①$$

P_3 とは9回投げて, 表が3回以上6回以下である確率だから,

$$P_3 = \left({}_9\mathrm{C}_3 + {}_9\mathrm{C}_4 + {}_9\mathrm{C}_5 + {}_9\mathrm{C}_6\right)\left(\dfrac{1}{2}\right)^9$$

$$= \dfrac{105}{128} \quad \cdots\cdots ②$$

52 すべての色の電球がつくとき, 色は3種類しかないから, 4頂点のうち2頂点は同色である。

よって, すべての色のつき方は

$${}_4\mathrm{C}_2 \times {}_3\mathrm{P}_3 \text{ 通り}$$

である。

よって, 求める確率は,

$$\dfrac{{}_4\mathrm{C}_2 \times {}_3\mathrm{P}_3}{3^4} = \dfrac{4}{9} \quad \cdots\cdots ①$$

対角線 AC に異なる色の電球がつくのは, 頂点 C が A と異なる色になることで, 確率は $1 - \dfrac{3}{3^2} = \dfrac{2}{3}$ である。

対角線 BD に異なる色の電球がつく確率は, 同様に $\dfrac{2}{3}$ である。

よって, 求める確率は,

$$1 - \left(\dfrac{2}{3}\right)^2 = \dfrac{5}{9} \quad \cdots\cdots ②$$

別解 ②において,

対角線 AC に同色の電球がつく確率は, $\dfrac{1}{3}$

対角線 BD に同色の電球がつく確率は, $\dfrac{1}{3}$

上の2つがともに起こる確率は, $\left(\dfrac{1}{3}\right)^2$

よって, 求める確率は, $\dfrac{1}{3} + \dfrac{1}{3} - \left(\dfrac{1}{3}\right)^2 = \dfrac{5}{9}$

53 (1) 4回投げて, 得点の和が0となるのは, 3の目が1回か2回出るときに限る。

3の目が1回のとき, 残り3回の目は1のみに限る。

よって, この確率は, ${}_4\mathrm{C}_1 \left(\dfrac{1}{6}\right)^4$

3の目が2回出るときは, 他の目の和が6となる。3以外の2回の目の和で6となるのは, 出る順序も考えると, (1, 5), (2, 4), (4, 2), (5, 1) の4通りであり, 4回のうちどの2回に, この目が出るかは, ${}_4\mathrm{C}_2$ 通りある。

よって, この確率は, ${}_4\mathrm{C}_2 \left(\dfrac{1}{6}\right)^4 \times 4$

以上より, 求める確率は,

$$\left({}_4\mathrm{C}_1 + {}_4\mathrm{C}_2 \times 4\right)\left(\dfrac{1}{6}\right)^4 = \dfrac{7}{324}$$

(2) 得点の和が負となる場合のほうが考えやすいので, これで考える。

3の目が0回, 1回のときは得点の和が負になることはない。

3の目が2回のとき，得点の和が負となるのは，
3の目以外の残り2回の和が5以下となるときで
あり，出る順序も考えて，次の通りである。
目の和が2となるのは，1通り
目の和が3となるのは，2通り
目の和が4となるのは，1通り
目の和が5となるのは，2通り
よって，この確率は，${}_4C_2\left(\dfrac{1}{6}\right)^4\times 6=\dfrac{1}{36}$

3の目が3回のとき，4回のとき，得点の和は負
のみだから，この確率は，
$${}_4C_3\left(\dfrac{1}{6}\right)^3\left(\dfrac{5}{6}\right)+{}_4C_4\left(\dfrac{1}{6}\right)^4=\dfrac{21}{1296}$$

(1)で求めた確率も用いて，求める確率は，
1−（目の和が正とならない確率）
$=1-\left(\dfrac{1}{36}+\dfrac{21}{1296}+\dfrac{7}{324}\right)$
$=\dfrac{1211}{1296}$

14 反復試行の確率 ② (p.28〜29)

54 勝ち負けの確率が $\dfrac{1}{2}$ ずつなので，あいこになっ
たときは数えず，勝負のついたときのみ考える。

(1)「箱の中のコインが4枚」とは，4回の勝負が行
われたことだから，A君が4回中2回勝つ確率
を考えればよい。${}_4C_2\left(\dfrac{1}{2}\right)^2\left(\dfrac{1}{2}\right)^2=\dfrac{3}{8}$

(2) 5回の勝負でA君とB君の手持ちのコインの差が
2枚未満となるのは，A君が3勝2敗か2勝3
敗（B君でも同じ）である。
よって，求める確率は，
$$1-{}_5C_3\left(\dfrac{1}{2}\right)^5-{}_5C_2\left(\dfrac{1}{2}\right)^5=\dfrac{3}{8}$$
別解 5回の勝負でA君とB君の手持ちのコイン
の差が2枚以上となるのは，A君が次のように
なるときである。（B君でも同じ）
5勝0敗，4勝1敗，1勝4敗，0勝5敗
よって，求める確率は，
$$\left({}_5C_5+{}_5C_4+{}_5C_1+{}_5C_0\right)\left(\dfrac{1}{2}\right)^5=\dfrac{3}{8}$$

(3)片方が5敗し，他方が2敗したことになるから，
7回の勝負を行っている。
A君が2勝5敗（B君は5勝2敗）で7回目の勝負
でコインがなくなるとは，A君は6回目の勝負
で2勝4敗となり，7回目に負けてコインがなく
なることだから，
$${}_6C_2\left(\dfrac{1}{2}\right)^6\times\dfrac{1}{2}=\dfrac{15}{128}$$
A君が5勝2敗（B君は2勝5敗）のときも同じ確
率だから，求める確率は，

$$\dfrac{15}{128}\times 2=\dfrac{15}{64}$$

☑注意
(3)で，A君が2勝5敗でコインがなくなる確
率を，${}_7C_2\left(\dfrac{1}{2}\right)^7=\dfrac{21}{128}$
とすると，解答の確率より大きくなってしまう。
これは，例えばA君が，
㊌，㊌，㊞，㊌，㊌，㊌，㊞
などのように，6回目の勝負ですでにコインが
なくなっているのに，まだ，じゃんけんを続け
ているものも含まれているからである。

55 (1)ルールより，勝負がつくときだけ事象が起こる
から，あいこは考えず，1回の試行での勝ち，負
けの確率は $\dfrac{1}{2}$ ずつになる。

$p(4,\ 2)$ とは，太郎が4m，花子が2m進んでい
る確率で，つまり太郎が a 勝 b 敗（花子が b 勝 a
敗）とすると，
$\begin{cases}2a+b=4\\a+2b=2\end{cases}$
これより，$a=2$，$b=0$
よって，$p(4,\ 2)=\left(\dfrac{1}{2}\right)^2=\dfrac{1}{4}$

$p(3,\ 3)$ も同様に，
$\begin{cases}2a+b=3\\a+2b=3\end{cases}$
これより，$a=b=1$
よって，$p(3,\ 3)={}_2C_1\left(\dfrac{1}{2}\right)^2=\dfrac{1}{2}$

$p(5,\ 4)$ も同様に，
$\begin{cases}2a+b=5\\a+2b=4\end{cases}$
これより，$a=2$，$b=1$
よって，$p(5,\ 4)={}_3C_2\left(\dfrac{1}{2}\right)^3=\dfrac{3}{8}$

$p(6,\ 6)$ も同様に，
$\begin{cases}2a+b=6\\a+2b=6\end{cases}$
これより，$a=b=2$
よって，$p(6,\ 6)={}_4C_2\left(\dfrac{1}{2}\right)^4=\dfrac{3}{8}$

(2)太郎が競争に勝つのは，$p(x,\ y)$ で $x=6,\ 7$，
$y\leqq 5$ となる場合である。
1回の勝負で2人は合計3m進むから，
$x+y\leqq 12$ であることと，$x=6,\ 7$ であることよ
り，じゃんけんは3回または4回といえる。
(i) 3回のとき，$x=6$ で $y=3$ だから，太郎がじ
ゃんけんで3勝0敗で，確率は，

$$_3C_3\left(\frac{1}{2}\right)^3=\frac{1}{8}$$

(ii) 4回のとき, $x=7$ だから, 太郎がじゃんけんで2勝1敗したあと, 太郎が4回目のじゃんけんで勝つといえる。確率は,

$$_3C_2\left(\frac{1}{2}\right)^3\times\frac{1}{2}=\frac{3}{16}$$

(i), (ii)より, 求める確率は, $\frac{1}{8}+\frac{3}{16}=\boldsymbol{\frac{5}{16}}$

56 ちょうど6回目に, B地点に止まらずにB地点を通り過ぎるとは, 5回目までに右の図のD地点で止まり, 6回目に1の目が出て, E地点へ進むときに限る。

(i) 1〜5回目：A地点からD地点へ移動

5回中に, 1の目が1回, 3の目が1回, 4から6の目が3回出る。4から6の目を区別しなければ, 目の出方は $\frac{5!}{1!1!3!}$ 通り。

または, 5回中に, 2の目が2回, 3の目が1回, 4から6の目が2回出る。

$$\frac{5!}{1!1!3!}\left(\frac{1}{6}\right)^2\left(\frac{1}{2}\right)^3+\frac{5!}{2!1!2!}\left(\frac{1}{6}\right)^3\left(\frac{1}{2}\right)^2$$
$$=\frac{5}{48}$$

(ii) 6回目：D地点からE地点へ移動

1の目が出る確率は, $\frac{1}{6}$

(iii) 7〜n回目：E地点からC地点へ移動

n回目までにC地点に到着するのだが, ちょうどn回目に到着とは限らない。

よって, $(n-6)$回がすべて3以外の目である事象の余事象を考えると, 確率は, $1-\left(\frac{5}{6}\right)^{n-6}$

以上(i)〜(iii)より, 求める確率は,

$$\frac{5}{48}\times\frac{1}{6}\times\left\{1-\left(\frac{5}{6}\right)^{n-6}\right\}=\boldsymbol{\frac{5}{288}\left\{1-\left(\frac{5}{6}\right)^{n-6}\right\}}$$

15 条件付き確率 (p.30〜31)

57 受信信号が0となるのは, 0が送信されて正しく受信した場合と, 1が送信されたが誤って受信した場合であるから,

$$0.4\times0.9+0.6\times0.1=0.42=\frac{21}{50}\quad\cdots\cdots①$$

0が受信される事象をA, 0が送信される事象をBとすると,

①より, $P(A)=0.42$,
$\qquad P(A\cap B)=0.4\times0.9$

$$=0.36$$

であり, 求める確率は$P_A(B)$であるから,

$$P_A(B)=\frac{P(A\cap B)}{P(A)}$$
$$=\frac{0.36}{0.42}$$
$$=\boldsymbol{\frac{6}{7}}\quad\cdots\cdots②$$

58 (1) $P(C)=P(A\cap C)+P(B\cap C)$
$\qquad\quad=P(A)P_A(C)+P(B)P_B(C)$
$\qquad\quad=0.6\times0.5+0.4\times0.4$
$\qquad\quad=\boldsymbol{0.46}$

(2) $P_C(A)=\dfrac{P(C\cap A)}{P(C)}$

$\qquad\quad=\dfrac{0.6\times0.5}{0.46}$

$\qquad\quad=\boldsymbol{\dfrac{15}{23}}$

(3) $P_C(B)=\dfrac{P(C\cap B)}{P(C)}$

$\qquad\quad=\dfrac{0.4\times0.4}{0.46}$

$\qquad\quad=\boldsymbol{\dfrac{8}{23}}$

59 (1) 3人ともBのカードを選ぶ確率であるから,

$$\left(\frac{1}{2}\right)^3=\boldsymbol{\frac{1}{8}}$$

(2) 3人がA, A, Bの順, A, B, Aの順, B, A, Aの順のいずれかでカードを選ぶ確率で, これらは互いに排反であるから,

$$\frac{1}{2}\times\frac{1}{2}\times1+\frac{1}{2}\times\frac{1}{2}\times\frac{1}{2}+\frac{1}{2}\times\frac{1}{2}\times\frac{1}{2}=\boldsymbol{\frac{1}{2}}$$

(3) Bのカードが2枚残る事象をC, 1番目の人がBのカードを持ち帰る事象Dとすると,

(2)より, $P(C)=\frac{1}{2}$, $P(C\cap D)=\frac{1}{8}$ であり,

求める確率は$P_C(D)$であるから,

$$P_C(D)=\frac{P(C\cap D)}{P(C)}$$
$$=\frac{1}{8}\div\frac{1}{2}$$
$$=\boldsymbol{\frac{1}{4}}$$

60 (1) 1回目の試行で, カードの並びは(123)→{(123)または(213)または(231)}となり,

3が真ん中にくる確率は$\frac{1}{3}$, 真ん中にこない確率は$\frac{2}{3}$である。

カードの並びが(213)であったとき, 次の試行で

$(213) \rightarrow \{(213)$ または (123) または $(132)\}$ となり，この試行でも 3 が真ん中にくる確率は $\dfrac{1}{3}$，真ん中にこない確率は $\dfrac{2}{3}$ である。

よって，4 回目までに 3 が真ん中にくることなく，5 回目に初めて 3 が真ん中にくる確率は，

$$P(A) = \left(\dfrac{2}{3}\right)^4 \times \dfrac{1}{3}$$
$$= \dfrac{16}{243}$$

(2) 事象 $A \cap B$ が起こるのは，

$(123) \rightarrow \{(123)$ または $(213)\} \rightarrow \{(123)$ または $(213)\}$ $\rightarrow \{(123)$ または $(213)\} \rightarrow (213) \rightarrow (132)$ となるときであるから，

$$P(A \cap B) = \left(\dfrac{2}{3}\right)^3 \times \dfrac{1}{3} \times \dfrac{1}{3}$$
$$= \dfrac{8}{243}$$

よって，$P_A(B) = \dfrac{P(A \cap B)}{P(A)}$
$$= \dfrac{8}{243} \div \dfrac{16}{243}$$
$$= \dfrac{1}{2}$$

16 期待値 (p.32〜33)

61 1 本のくじを引くときの期待値は，

$$1000 \cdot \dfrac{1}{100} + 500 \cdot \dfrac{2}{100} + 200 \cdot \dfrac{5}{100} + 0 \cdot \dfrac{92}{100} = 30 \text{ (円)}$$

……①

また，2 本のくじを同時に引くときの組合せの総数は ${}_{100}C_2$ だから，そのときの期待値は，

$$(1000+500) \cdot \dfrac{{}_1C_1 \cdot {}_2C_1}{{}_{100}C_2} + (1000+200) \cdot \dfrac{{}_1C_1 \cdot {}_5C_1}{{}_{100}C_2}$$
$$+ (1000+0) \cdot \dfrac{{}_1C_1 \cdot {}_{92}C_1}{{}_{100}C_2} + (500+500) \cdot \dfrac{{}_2C_2}{{}_{100}C_2}$$
$$+ (500+200) \cdot \dfrac{{}_2C_1 \cdot {}_5C_1}{{}_{100}C_2} + (500+0) \cdot \dfrac{{}_2C_1 \cdot {}_{92}C_1}{{}_{100}C_2}$$
$$+ (200+200) \cdot \dfrac{{}_5C_2}{{}_{100}C_2} + (200+0) \cdot \dfrac{{}_5C_1 \cdot {}_{92}C_1}{{}_{100}C_2}$$
$$+ (0+0) \cdot \dfrac{{}_{92}C_2}{{}_{100}C_2}$$
$$= \dfrac{1}{50 \cdot 99} \cdot (1500 \cdot 2 + 1200 \cdot 5 + 1000 \cdot 92 + 1000 \cdot 1$$
$$+ 700 \cdot 10 + 500 \cdot 2 \cdot 92 + 400 \cdot 10 + 200 \cdot 5 \cdot 92)$$
$$= \dfrac{1}{50 \cdot 99} \cdot (21000 + 3000 \cdot 92) = 60 \text{ (円)} \quad ……②$$

62 3 個のさいころの目の出方は全部で，6^3 通り。

(1) 得点が 6 となるのは，次の 2 つの場合である。

(i) 6 の目が 3 個出る場合。これは，1 通り。

(ii) 6 の目がちょうど 2 個出て，残り 1 個の目の出方が 1 以上 5 以下の場合。このときは，
$3 \cdot 5 = 15$ (通り)

(i)，(ii)より，得点が 6 となる目の出方は全部で，
$1 + 15 = 16$ (通り)

よって，求める確率は，$\dfrac{16}{6^3} = \dfrac{2}{27}$

(2) 得点が 5 となるのは，5 の目が少なくとも 1 個出るので，3 個の目の最大値は 5 以上である。

(i) 最大値が 6 のとき，
3 個の目は 6，5，および 1 以上 5 以下の目が 1 個である。

6，5 以外の目が 1 以上 4 以下のとき，目の出方は，$3! \times 4 = 24$ (通り)，

3 個の目が 6，5，5 のとき，目の出方は，
${}_3C_1 = 3$ (通り)

(ii) 最大値が 5 のとき，
3 個の目は 5，5 および 1 以上 5 以下の目が 1 個である。

5，5 以外の目が 1 以上 4 以下のとき，目の出方は，${}_3C_1 \times 4 = 12$ (通り)，

3 個とも 5 の目のとき，目の出方は，
1 通り。

(i)，(ii)より，得点が 5 となる目の出方は全部で，
$24 + 3 + 12 + 1 = 40$ (通り)

よって，求める確率は，$\dfrac{40}{6^3} = \dfrac{5}{27}$

(3) 得点が 4 となるとき，4 の目が少なくとも 1 個あることになるので，3 個の目の最大値は 4 以上である。

(i) 最大値が 5 または 6 のとき，
3 個の目は 5，4 および 1 以上 4 以下の目が 1 個，または 6，4 および 1 以上 4 以下の目が 1 個である。

5 と 4，または 6 と 4 以外の目が 1 以上 3 以下のとき，目の出方は，
$3! \cdot 2 \cdot 3 = 36$ (通り)，
目の出方が 5，4，4 または 6，4，4 のとき，目の出方は，
${}_3C_1 \cdot 2 = 6$ (通り)

(ii) 最大値が 4 のとき，
3 個の目は 4 が 2 個と 1 以上 4 以下の目が 1 個である。

4，4 以外の目が 1 以上 3 以下の 1 個のとき，目の出方は，${}_3C_1 \cdot 3 = 9$ (通り)，3 個とも 4 の目のとき，目の出方は，1 通り。

(i)，(ii)より，得点が 4 となる目の出方は全部で，

$36+6+9+1=52$（通り）

よって，求める確率は，$\dfrac{52}{6^3}=\dfrac{13}{54}$

(4)(1)，(2)，(3)から，得点の期待値は，

$6\cdot\dfrac{2}{27}+5\cdot\dfrac{5}{27}+4\cdot\dfrac{13}{54}+0\cdot\left\{1-\left(\dfrac{2}{27}+\dfrac{5}{27}+\dfrac{13}{54}\right)\right\}$

$=\dfrac{7}{3}$

63 (1) 3試合目で優勝が決まるのは，Aが3連勝，もしくはBが3連勝する場合であり，これらの事象は互いに排反である。

よって，求める確率は，

p^3+q^3

(2) 5試合目でAが優勝するのは，4試合目までAが2勝し，残りの2試合はBが勝つ，もしくは引き分けて，5試合目にAが勝つ場合である。

よって，その確率は，

${}_4C_2 p^2(1-p)^2\cdot p=6p^3(1-p)^2$

同様にして，Bが優勝する確率は，

$6q^3(1-q)^2$

これらの事象は互いに排反なので，

求める確率は，

$6\{p^3(1-p)^2+q^3(1-q)^2\}$

(3) 4試合目で優勝が決まる確率は，(2)と同様に

p^3+q^3 ……①

$6\{p^3(1-q)^2+q^3(1-q)^2\}$ ……②

とおく。

$3\{p^3(1-p)+q^3(1-q)\}$ ……③

①，②，③にそれぞれ $p=q=\dfrac{1}{3}$ を代入すると，

①は $\dfrac{2}{27}$，②は $\dfrac{16}{81}$，③は $\dfrac{4}{27}$

よって，5試合目が終了した時点でまだ優勝が決まらない確率は，

$1-\left(\dfrac{2}{27}+\dfrac{16}{81}+\dfrac{4}{27}\right)=\dfrac{47}{81}$

(4) $p=q=\dfrac{1}{2}$ より，引き分けにはならないので，

5試合目までに必ず優勝が決まると言える。

①，②，③にそれぞれ $p=q=\dfrac{1}{2}$ を代入すると，

①は $\dfrac{1}{4}$，②は $\dfrac{3}{8}$，③は $\dfrac{3}{8}$

よって，求める期待値は，

$3\cdot\dfrac{1}{4}+4\cdot\dfrac{3}{8}+5\cdot\dfrac{3}{8}=\dfrac{33}{8}$ **(試合)**

64 (1) 2個の玉を取り出した時点で操作が終了するのは，1回目に取り出される玉の番号は1から4のどの番号でもよい。そして，2回目は1回目の番号と同じ玉を取り出すことになればよい。よって，

$P(2)=1\cdot\dfrac{1}{7}=\dfrac{1}{7}$

3個の玉を取り出した時点で操作が終了するのは，1回目に取り出される玉の番号は1から4のどの番号でもよい。そして，2回目は1回目の番号以外の玉，3回目に1回目，2回目のいずれかと同じ番号の玉を取り出せばよい。よって，

$P(3)=1\cdot\dfrac{6}{7}\cdot\dfrac{2}{6}=\dfrac{2}{7}$

(2) 8個の玉は，同じ番号のものが2個ずつあることから，2回目から5回目の操作中にすでに取り出した玉の番号と同じ番号の玉が取り出されることになるので，6回以上の操作をすることはあり得ない。すなわち，$P(k)=0$

(3) (1)と同様にして，$P(4)$ と $P(5)$ を求めると，

$P(4)=1\cdot\dfrac{6}{7}\cdot\dfrac{4}{6}\cdot\dfrac{3}{5}=\dfrac{12}{35}$，

$P(5)=1\cdot\dfrac{6}{7}\cdot\dfrac{4}{6}\cdot\dfrac{2}{5}\cdot1=\dfrac{8}{35}$

1個の玉を取り出した時点で操作は終了しないので，$P(1)=0$

よって，求める期待値は，

$1\cdot0+2\cdot\dfrac{1}{7}+3\cdot\dfrac{2}{7}+4\cdot\dfrac{12}{35}+5\cdot\dfrac{8}{35}=\dfrac{128}{35}$

第2章 ｜ 図形の性質

17 三角形の辺の比 *(p.34〜35)*

65 $\dfrac{BP}{PC}=\dfrac{AB}{AC}=\dfrac{BQ}{QC}$

だから，

$\dfrac{BP}{BC-BP}$

$=\dfrac{BQ}{BQ-BC}$

逆数をとると，

$\dfrac{BC}{BP}-1=1-\dfrac{BC}{BQ}$

よって，$\dfrac{BC}{BP}+\dfrac{BC}{BQ}=2$

ゆえに，$\dfrac{1}{BP}+\dfrac{1}{BQ}=\dfrac{2}{BC}$

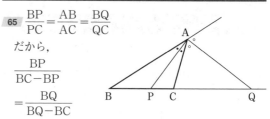

66 △ABE において，三平方の定理より $BE=3$ であり，また AD は $\angle BAE$ の二等分線となるから，

$BD=3\times\dfrac{4}{9}=\dfrac{4}{3}$

$DE=3\times\dfrac{5}{9}=\dfrac{5}{3}$

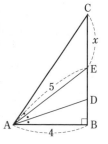

△ABD において，
$$AD=\sqrt{4^2+\left(\frac{4}{3}\right)^2}=\frac{4}{3}\sqrt{10}$$

△ADC において，AE が ∠CAD の二等分線となるから，CE$=x$ とすると，
$$AC:AD=CE:ED$$
よって，$AC=\frac{4}{5}\sqrt{10}x$

△ABC において，
$$AC^2=AB^2+BC^2$$
$$\left(\frac{4}{5}\sqrt{10}x\right)^2=4^2+(x+3)^2$$
$$(9x-25)(3x+5)=0$$
$x>0$ より，$CE=x=\dfrac{25}{9}$

67 (1) CQ の延長と AB との交点を R とする。
AP⊥CR で，AP が ∠CAR の二等分線だから，△ACR は二等辺三角形となる。
よって，CP=PR ……①
条件より，CM=BM ……②
①，②より，PM∥AB

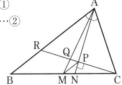

(2) 点 R は(1)と同じものとし，BC$=a$，CA$=b$，AB$=c$ とすると，$c>b$ である。
AP が ∠BAC の二等分線であることから，
$$c:b=BN:CN$$
$$CN=\frac{ab}{b+c}$$
$$MN=CM-CN$$
$$=\frac{a}{2}-\frac{ab}{b+c}$$
$$=\frac{a(c-b)}{2(b+c)}$$
ゆえに，$\dfrac{MN}{CN}=\dfrac{c-b}{2b}$ ……①

次に，(1)で調べたことから，
$$\frac{QM}{QA}=\frac{PM}{RA}=\frac{c-b}{2b}$$ ……②
①，②より，$\dfrac{MN}{CN}=\dfrac{QM}{QA}$
よって，QN∥AC

68 ∠QAP=90°
だから，
△BB′P，
△MM′P，
△CC′P，
△QAP

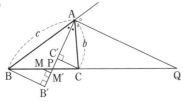

はすべて相似である。
また，角とその外角の二等分線より，
$$\frac{BP}{PC}=\frac{AB}{AC}=\frac{BQ}{CQ}$$ ……①
辺の長さを，BC$=a$，CA$=b$，AB$=c$ とおく。
AB>AC より，$c>b$ である。
(i) BB′:MM′=BP:MP
$$=\frac{ac}{b+c}:\left(\frac{ac}{b+c}-\frac{a}{2}\right)$$
$$=2c:(c-b)$$

(ii) ①より，$BQ=\dfrac{c}{b}CQ$ だから，
BQ-CQ=BC$=a$ へ代入して，$CQ=\dfrac{ab}{c-b}$
ここで，
$$AQ:CC'=PQ:PC$$
$$=(PC+CQ):PC$$
$$=\left(\frac{ab}{c+b}+\frac{ab}{c-b}\right):\frac{ab}{c+b}$$
$$=2c:(c-b)$$
(i)，(ii)より，
BB′:MM′=AQ:CC′
よって，
BB′・CC′=MM′・AQ

別解 **67** (1)で示したように，C′M∥AB となるから，BP:MP = AP:C′P
また，三角形の相似より，
BB′:MM′=BP:MP
AQ:CC′=AP:C′P
ゆえに，BB′:MM′=AQ:CC′
よって，BB′・CC′=MM′・AQ

18 三角形の辺と角 (p.36〜37)

69 BA の延長上に，AC=AE であるような点 E をとる。
△ACP と △AEP において，
AC=AE
AP は共通
∠CAP=∠EAP
よって，△ACP≡△AEP
ゆえに，PC=PE
△PBE において，BE<PB+PE より，
BE<PB+PC
BE=BA+AE=AB+AC より，
AB+AC<PB+PC

70 (1) 線分 AA′ と OB との交点を E とする。
点 A と A′ は OB に関して対称だから，
△AEO と △A′EO において，
AE=A′E
∠AEO=∠A′EO=90°

OE は共通

よって, △AEO≡△A′EO

ゆえに, ∠AOE＝∠A′OE
　　　　　　　　……①

次に, △CDO と △C′DO
において,

OC＝OC′

OD は共通

①より, ∠COD＝∠C′OD

よって, △COD≡△C′OD

ゆえに, CD＝C′D ……②

②を利用すると, 折れ線 ADC の長さは,

AD＋CD＝AD＋C′D≧AC′

よって, 条件より, AD＋CD＝AC′ つまり,

AD＋DC′＝AC′

したがって, 点Dは線分 AC′ 上にある。

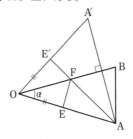

(2)線分 OA′ 上に

OE′＝OE を満たす点
E′ をとる。点Eを固
定すると, (1)でわかっ
たように, 折れ線
AFE の長さが最小に
なるのは, AE′ と OB
との交点がFとなると
きである。

このとき, 折れ線 AFE＝AE′

次に点Eを線分 OA 上で動かすとき, 点 E′ は線
分 OA′ 上を動く。

∠AOA′＝2a<90°

だから, AE′ の長さが最小となるのは, 線分
OA′ 上に点Aから垂線を引いたときである。

(1)と同様に, △EFO≡△E′FO

だから, ∠OEF＝∠OE′F＝90°

ゆえに, ∠AEF は直角といえる。

☑注意

(1)で点Cは固定され, (2)で点E(点Cと同じと
もいえる)は固定されていない。固定されてい
るとき, (1)で AC′ の長さも固定されている。
しかし, 固定されていないとき, (2)で AE′ の
長さは E′ の位置によって変化させることがで
きるから, AE′ の長さが最小となるように E′
を定めた。

ところで, (1)α<90° の条件はどこに影響して
いるのかに触れておく。(1)では, 線分 OB と
AC′ の交点をDとするとき, 折れ線 ADC の
長さが最小となったが, α＝90° のとき, その
交点はOに重なり, α>90° のとき, 線分 OB
上にこない。

(2)の場合は, 点Aから線分 OA′ 上に垂線を下

ろしたが, α＝45° ならば, 垂線はOを通り,
α>45° ならば線分 OA′ 上にAから垂線は引け
ない。

71 (1) AC と BP の延長と
の交点をTとする。
三角形の2辺の長さの和
は他の1辺の長さよりも
大きいことを利用すると,

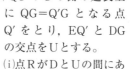

AB＋AC

＝AB＋AT＋TC>BT＋TC

＝BP＋PT＋TC>BP＋PC

よって, AB＋AC>PB＋PC

(2)(1)の結果を利用して,

AB＋BC>PC＋PA

BC＋CA>PA＋PB

CA＋AB>PB＋PC

この3式の両辺をそれぞれ加えると,

2(AB＋BC＋CA)>2(PA＋PB＋PC)

AB＋BC＋CA>PA＋PB＋PC

2s>PA＋PB＋PC ……①

次に, 三角形の2辺の長さの和は他の1辺の長さ
よりも大きいことを利用すると,

PA＋PB>AB

PB＋PC>BC

PC＋PA>CA

この3式の両辺をそれぞれ加えると,

2(PA＋PB＋PC)>AB＋BC＋CA

PA＋PB＋PC>s ……②

①, ②より, s<PA＋PB＋PC<2s

(3) QG の G の側の延長上
に QG＝Q′G となる点
Q′ をとり, EQ′ と DG
の交点をUとする。

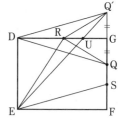

(i)点RがDとUの間にあ
るとき

△DEQ′ において, 内
部の点Rに対して,

DE＋DQ′>RE＋RQ′

(ii)点RがUに重なるとき

DE＋DQ′>EQ′＝RE＋RQ′

(iii)点RがUとGの間にあるとき

点Eを通り, DQ′ に平行な直線とFGとの交
点をSとする。

△ESQ′ において, 内部の点Rに対して,

ES＋SQ′>RE＋RQ′ ……①

四角形 DESQ′ は平行四辺形だから,

DE＝SQ′, DQ′＝ES ……②

①, ②より,

DE＋DQ′>RE＋RQ′

(i)～(iii)のどの場合も，次の関係式が成立する。

DE+DQ′>RE+RQ′ ……③

Qと Q′ の位置関係より，

DQ′=DQ，RQ′=RQ ……④

③，④より，

DE+DQ>RE+RQ

19 三角形の外心・内心・重心 *(p.38～39)*

72 ①…**A**，②③…**BD**（または **DB**），④⑤…**DB**，⑥…**D**，⑦…**F**，⑧…**オ**

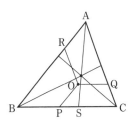

〔⑥，⑦，⑧の求め方〕

△IFD∽△IAG になるから，

FI：DI=AI：GI

だから，

AI・DI=FI・GI

$\quad\quad\ =(FO+OI)(GO-OI)$

$\quad\quad\ =R^2-OI^2$ ……(iii)

（問題文の(i)より）　AI・BD=2rR

（問題文の(ii)より）　BD=ID

これらと(iii)より，2rR=R²−OI²

よって，OI²=R²−2rR

73 AB，AC の中点をそれぞれ D，E とし，BE と CD の交点をGとすると，G は △ABC の重心であるから，

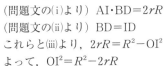

$BG=\dfrac{2}{3}BE=\dfrac{2}{3}CD=CG$

$GE=\dfrac{1}{3}BE=\dfrac{1}{3}CD=GD$

∠BGD=∠CGE（対頂角）

よって，△BGD≡△CGE

ゆえに，BD=CE だから，

AB=AC

74 (1)直線 OP と辺 AC の交点を Q′，直線 OR と辺 BC の交点を P′ とする。

PQ′∥BA，RP′∥AC，OQ∥BC

だから，平行線の同位角により対応する角が等しくなり，

△OPP′∽△Q′OQ∽△ABC

よって，相似比を考えて，

QC=OP′

$\quad\quad\ =OP×\dfrac{b}{c}$

$\quad\quad\ =\dfrac{b}{c}x$

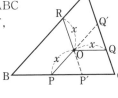

$QQ'=OQ×\dfrac{b}{a}=\dfrac{b}{a}x$

つまり，AC の長さは，

AC=AQ′+QQ′+QC

$b=x+\dfrac{b}{a}x+\dfrac{b}{c}x$

$\ =\left(\dfrac{b}{b}+\dfrac{b}{a}+\dfrac{b}{c}\right)x$

よって，

$$x=\dfrac{abc}{ab+bc+ca}$$

(2)点Aから RP に平行に引いた直線と辺BCとの交点をSとする。

(1)の結果を用いて，

$AR=OQ'=\dfrac{c}{a}x$

$\quad\quad\ =\dfrac{bc^2}{ab+bc+ca}$

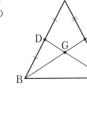

また，

BS：BP=BA：BR

$\quad\quad\ =c:(c-AR)$

$\quad\quad\ =1:\dfrac{a(b+c)}{ab+bc+ca}$

$BS=\dfrac{ab+bc+ca}{a(b+c)}\cdot BP$

$\quad\ =\dfrac{ab+bc+ca}{a(b+c)}\cdot\dfrac{a}{b}x$

$\quad\ =\dfrac{ac}{b+c}$

よって，$CS=BC-BS=\dfrac{ab}{b+c}$

BS：CS=c：b=AB：AC

だから，AS は ∠BAC の二等分線となる。

頂点 B，C からそれぞれ PQ，QR に平行に引いた直線も角の二等分線となるから，これらは，△ABC の内心で交わる。

20 三角形の垂心・傍心 *(p.40～41)*

75 △BCP は直角三角形だから，斜辺BC の中点Mに対して，

PM=BM=CM ……①

同様に，△BCQ においても，

QM=BM=CM ……②

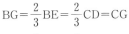

①，②より，PM=QM だから，△MPQ は ∠PMQ を頂角とする二等辺三角形となる。

ゆえに，底辺PQの中点Nに対して，

MN⊥PQ

別解 中学校および後で学習する円周角の性質を用

いると，∠BPC＝∠BQC＝90°
だから，線分 BC を直径とし，点 M が中心の円周上
に P，Q はある。
よって，弦 PQ の垂直二等分線上に M はくるから，
MN⊥PQ

76 (1) ∠B と ∠C の外角の二等分線の交点を P とし，
点 P から辺 BC と辺 AB，AC の延長にそれぞれ
垂線 PQ，PR，PS を引く。
∠QBR，∠QCS のそれ
ぞれの角の二等分線の性
質により，
PQ＝PR＝PS ……①

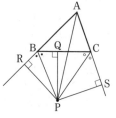

すると，PR＝PS より，
AP は ∠BAC の二等分
線といえて，△ABC の
内心 I は AP 上にあるといえる。
(2) (1) で示した①より，PQ＝PR＝PS が円の半径
となるから，AB，AC に接する。
(3) ∠BAC 内，∠CBA 内，
∠ACB 内の傍心をそれ
ぞれ O_1，O_2，O_3 とする。
(1) の証明より，
$\angle O_1AC = \dfrac{1}{2}\angle BAC$
$\angle O_2AC$
$= \dfrac{1}{2}(180° - \angle BAC)$

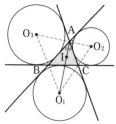

よって，$\angle O_1AO_2 = \angle O_1AC + \angle O_2AC = 90°$
同様にして，$\angle O_1AO_3 = 90°$
つまり，点 A は線分 O_2O_3 上にあり，
$O_1A \perp O_2O_3$
同様に，点 B，C はそれぞれ線分 O_3O_1，O_1O_2 上
にあり，$O_2B \perp O_3O_1$，$O_3C \perp O_1O_2$
また，O_1A，O_2B，O_3C はすべて I を通るから，
I は △$O_1O_2O_3$ の垂心である。

---

21 チェバの定理・メネラウスの定理 (p.42〜43)

77 (1) △ABC と直線 DE にメネラウスの定理を用い
て，$\dfrac{AF}{FC} \cdot \dfrac{3}{10} \cdot \dfrac{2}{3} = 1$

よって，$\dfrac{AF}{FC} = 5$

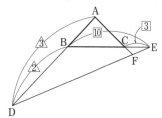

(2) △BCF と直線 AD にメ
ネラウスの定理を用いて，
$\dfrac{2}{3} \cdot \dfrac{2}{1} \cdot \dfrac{FA}{AB} = 1$
よって，$\dfrac{FA}{AB} = \dfrac{3}{4}$
また，△ABC と点 P に
チェバの定理を用いて，

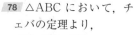

$\dfrac{3}{1} \cdot \dfrac{2}{3} \cdot \dfrac{CE}{EA} = 1$
よって，$\dfrac{CE}{EA} = \dfrac{1}{2}$

78 △ABC において，チ
ェバの定理より，
$\dfrac{AR}{RB} \cdot \dfrac{BP}{PC} \cdot \dfrac{CQ}{QA}$
$= 1$ ……①
△ABC と直線 QS にお
いて，メネラウスの定理

より，$\dfrac{AR}{RB} \cdot \dfrac{BS}{SC} \cdot \dfrac{CQ}{QA} = 1$ ……②

①，②より，$\dfrac{BP}{PC} = \dfrac{BS}{SC}$
よって，BP：BS＝CP：CS

79 (1) △ABC において，
チェバの定理より，
$\dfrac{AR}{RB} \cdot \dfrac{BP}{PC} \cdot \dfrac{CQ}{QA} = 1$
であるから，
$\dfrac{2}{1} \cdot \dfrac{t}{1-t} \cdot \dfrac{CQ}{QA} = 1$

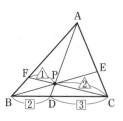

よって，$\dfrac{CQ}{QA} = \dfrac{1-t}{2t}$

(2) $t = \dfrac{1}{4}$ より，$\dfrac{CQ}{QA} = \dfrac{3}{2}$
CA：AQ＝5：2 だから，
$\triangle ABQ = \dfrac{2}{5}\triangle ABC$
△ABQ と直線 RC において，メネラウスの定理
より，$\dfrac{2}{1} \cdot \dfrac{BT}{TQ} \cdot \dfrac{3}{5} = 1$
よって，$\dfrac{BT}{TQ} = \dfrac{5}{6}$
BQ：BT＝11：5 だから，
$\triangle ABT = \dfrac{5}{11}\triangle ABQ$
AB：BR＝3：1 より，
$\triangle BRT = \dfrac{1}{3}\triangle ABT$
よって，$\triangle BRT = \dfrac{1}{3} \times \dfrac{5}{11} \times \dfrac{2}{5}\triangle ABC$

$$= \frac{2}{33}\triangle ABC$$

ゆえに，$\triangle ABC : \triangle BRT = 33 : 2$

80 (1) $PB = BQ = b$，
$QC = CR = c$ である
から $\triangle ABC$ と直線
XQ にメネラウスの定
理を用いて，

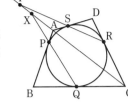

$$\frac{a}{b} \cdot \frac{b}{c} \cdot \frac{CX}{XA} = 1 \text{ より,}$$

$AX : XC = a : c$

(2) $AS = AP = a$，$DR = DS = d$ である。

2直線 AC，SR の交点を Y として，$\triangle ACD$ と
直線 YR にメネラウスの定理を用いて，

$$\frac{a}{d} \cdot \frac{d}{c} \cdot \frac{CY}{YA} = 1 \text{ より, } AY : YC = a : c$$

X，Y は同一直線上にあるから，ともに AC の外
分点であり，外分比が等しいから，一致する。

したがって，3直線 AC，PQ，RS は1点で交わ
る。

22 円周角 （p.44〜45）

81 $\overparen{PB} + \overparen{QCR}$ で半円周だか
ら，その円周角の和は $90°$ で
ある。

つまり，

$\angle PQB + \angle QBR = 90°$

よって，$PQ \perp BR$

他の $QR \perp CP$，$RP \perp AQ$ も
同様である。

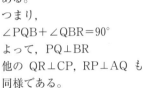

82 $\triangle ABC$ は鋭角三角形だから，垂心 H は $\triangle ABC$
の内部にあり，BH の延長と辺 AC との交点を F と
すると，$\angle AFB = \angle ADB = 90°$

よって，4点 A，B，D，F
は線分 AB を直径とする同
一円周上にある。

よって，$\overparen{FD}$ に対する円周角
から，$\angle DBF = \angle DAF$ ……①

$\overparen{CE}$ に対する円周角から，
$\angle EBC = \angle EAC$ ……②

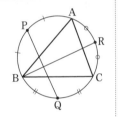

①，②から，$\triangle BEH$ において，

$\angle DBH = \angle DBE$

これと $EH \perp BD$ から，

$DH = DE$

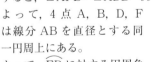

✓ **注意**
$\triangle ABC$ は本問では鋭角三角形に限定されてい
たが，そうでない場合は，直角三角形と鈍角三
角形の場合に分けて証明しなければならない。
それは，図における点の位置関係が変わってき

て，そのままの条件では証明ができないからで
あるが，説明を工夫すれば，1つの証明で複数
の場合に対応させることが可能である。

83 HQ と AC の交点を S，
HR と AB の交点を T とする。

$\angle APR = \angle ACR$

$\angle APQ = \angle ABQ$

であり，さらに，

$\triangle HBT \backsim \triangle HCS$

よって，$\angle HBT = \angle HCS$

ゆえに，$\angle APR = \angle APQ$

したがって，AP は $\angle QPR$ の二等分線になる。

$\triangle PQR$ の残りの頂角においても同様である。

つまり，点 H は $\triangle PQR$ の内心となる。

84 $\overparen{BD} = \overparen{DC}$ だから，

$\angle BAD = \angle DAC$

よって，線分 AD 上に内心
I がある。

$\triangle ABC$ において，

$\angle A = 2\alpha$，$\angle B = 2\beta$，
$\angle C = 2\gamma$
とすると，

$\angle BID = \alpha + \beta$

$\angle DBI = \angle DBC + \angle CBI$

$\quad = \angle DAC + \angle CBI$

$\quad = \alpha + \beta$

よって，$\angle BID = \angle DBI$ より，$\triangle DBI$ は二等辺三
角形だから，$DB = DI$

$\overparen{BD} = \overparen{DC}$ より，$DB = DC$ だから，

$DB = DI = DC$

23 円に内接する四角形 （p.46〜47）

85 (1) $\triangle QBC$ と直線 DP において，メネラウスの定
理より，$\dfrac{QA}{AB} \cdot \dfrac{BP}{PC} \cdot \dfrac{CD}{DQ} = 1$

よって，$\dfrac{AB}{CD} = \dfrac{QA \cdot BP}{PC \cdot DQ}$

(2) $\triangle PAB$ と $\triangle PCD$ において，$\angle P$ は共通，四角
形 $ABCD$ は円に内接するので，

$\angle ABP = \angle CDP$

2組の角がそれぞれ等しいから，

$\triangle PAB \backsim \triangle PCD$

よって，$\dfrac{AB}{CD} = \dfrac{PA}{PC}$

(1)の結果とあわせて，$\dfrac{QA \cdot BP}{PC \cdot DQ} = \dfrac{PA}{PC}$ より，

$PA \cdot QD = PB \cdot QA$

(3) △PBE と △PDF において
て，PF は ∠APB の二等
分線であるから，
∠EPB＝∠FPD
四角形 ABCD は円に内接
するから，
∠EBP＝∠FDP
2組の角がそれぞ
れ等しいから，
△PBE∽△PDF
よって，∠PEB＝∠PFD
また，対頂角は等しいから，
∠PEB＝∠QEF
したがって，∠QEF＝∠QFE であるから，
△QEF は QE＝QF の二等辺三角形になる。
QR は二等辺三角形 QEF の頂角の二等分線であ
るから，底辺 EF を垂直に 2 等分する。
ゆえに，∠PRQ＝90°

86 △ABC の外接円と AM の延
長との A 以外の交点を D とする
と，条件より，
∠BAD＝∠HAC
$\overparen{AB}$ に対する円周角より，
∠BDA＝∠HCA
2 角がそれぞれ等しいので，
△ABD∽△AHC
よって，∠ABD＝∠AHC＝90°
ゆえに，△ABC の外接円において線分 AD は直径
となり，外心を O とすると，△OBC は二等辺三角
形となる。
点 M は線分 BC の中点であったから，OM⊥BC
つまり，AM⊥BC
したがって，△ABC は二等辺三角形となる。
ゆえに，AB＝AC となり，M は H と一致する。

87 (ⅰ) B，F，G，C の順に並ぶ場合
∠BEC＝∠BDC＝90° より，
線分 BC は四角形 BCDE
の外接円の直径となる。
∠EBD＝∠ECD
（$\overparen{ED}$ に対する円周角）
∠GEC＝∠DCE
（平行線の錯角）
つまり，∠EBD＝∠GEC ……①
次に，
∠CBD＝∠CED（$\overparen{CD}$ に対する円周角）……②
①，②より，
∠EBG＝∠DEG ……③
また，
∠DFC＝∠EBC（平行線の同位角）……④
③，④より，

∠DFC＝∠DEG ……⑤
直線 GD に関して，2 点 E，F は同じ側にあるか
ら，⑤を $\overparen{GD}$ に対する円周角とみれば，4 点 D，
E，F，G は同一円周上にあるといえる。

(ⅱ) B，G，F，C の順に並ぶ場合
点 B，C に対する 2 点 G，
F の位置関係は異なるが，
(ⅰ)と同様にして次が得られ
る。∠DFC＝∠DEG
これは，四角形 DEGF が
円に内接することを意味す
るから，4 点 D，E，F，
G は同一円周上にあると
いえる。

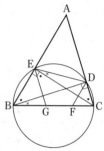

---

24 接線と弦の作る角 (p.48〜49)

88 円 O も O′ も点 T で接して
いるから，
OT⊥AB，O′T⊥AB
したがって，3 点 T，O，O′
は一直線上にあり，線分
O′T は円 O の直径といえる。
よって，EC⊥TD ……①
半径だから，O′T＝O′D となり △O′TD は二等辺
三角形であり，①とあわせると，
∠TEC＝∠DEC ……②
点 B と D が直線 OO′ に関して同じ側にあるから，
接弦定理より，
∠DTB＝∠DET ……③
∠DEC＝θ だから，②，③より，
∠DTB＝**2θ**

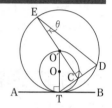

89 接弦定理より，
∠CBE＝∠BAD
$\overparen{BC}$ に対する円周角より，
∠BAD＝∠BEC
よって，∠CBE＝∠CEB
つまり，△CBE は二等辺
三角形だから，
BC＝CE

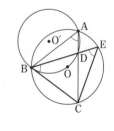

90 (1) 円外の 1 点から円へ
引いた接線の長さが等
しいことから，
AP＝s，PD＝t とす
ると，右の図のように
なる。
よって，BC の長さ 9 を s，t で表すと，
$(10-s)+t+t+(8-s)=9$
$s-t=\dfrac{9}{2}$

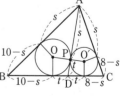

(2)(1)で求めた $s-t$ を用いると，
$$\begin{aligned}
\text{BD} &= (10-s)+t \\
&= 10-(s-t) \\
&= \frac{11}{2}
\end{aligned}$$
$$\begin{aligned}
\text{CD} &= t+(8-s) \\
&= 8-(s-t) \\
&= \frac{7}{2}
\end{aligned}$$
よって，$\triangle\text{ABD}:\triangle\text{ACD}=\text{BD}:\text{DC}$
$$=\mathbf{11:7}$$

91 右の図のように，点 P，Q，R，S を定めると，PB=PC より，$\triangle$PBC は二等辺三角形である。同様に，$\triangle$RAD も二等辺三角形となる。

$\angle$PBC$=\alpha$
$\angle$RAD$=\beta$
とすると，$\alpha+\beta=90°$
となり，
$$\begin{aligned}
\angle\text{BPC}+\angle\text{ARD} &= (180°-2\alpha)+(180°-2\beta) \\
&= 360°-2(\alpha+\beta) \\
&= 180°
\end{aligned}$$
よって，四角形 PQRS は円に内接する。

25 方べきの定理 *(p.50〜51)*

92 点 R から MN へ引いた垂線を RH とすると，
$\angle$RPN$=\angle$RHN$=90°$
だから，4 点 R，P，H，N は同一円周上にある。
方べきの定理から，
MP・MR=MH・MN ……①
$\angle$RQM$=\angle$RHM$=90°$ より，4 点 R，Q，H，M は同一円周上にある。
方べきの定理から，
NQ・NR=NH・NM ……②
①+②から，
$$\begin{aligned}
\text{MP・MR}+\text{NQ・NR} &= \text{MH・MN}+\text{NH・NM} \\
&= (\text{MH}+\text{HN})\cdot\text{MN} \\
&= \text{MN}^2\ (\text{一定})
\end{aligned}$$

93 $\triangle$OPQ の外接円と OA の O 以外の交点を R とすると，方べきの定理から，
AP・AQ=AR・AO ……①
A から円 O に引いた接線の接点を T とすると，
方べきの定理から，
AP・AQ=AT^2 ……②

①，②から，
AO・AR=AT^2
AO，AT^2 は一定だから，AR も一定
よって，R は定点で，R が求める点である。

94 (1)方べきの定理から，
PQ・PR=PA^2 ……①
$\triangle$APH∽$\triangle$OPA から，
$$\frac{\text{AP}}{\text{PH}}=\frac{\text{OP}}{\text{AP}}$$
AP^2=PH・PO ……②
①，②から，
PQ・PR=PH・PO
よって，4 点 O，H，Q，R は同一円周上にある。

(2)(1)より，四角形 OHQR は円に内接し，OQ=OR から，$\angle$PHQ$=\angle$ORQ$=\angle$OQR$=\angle$OHR
よって，PH は $\triangle$HQR における $\angle$QHR の外角を 2 等分するので，
HR：HQ=PR：PQ

95 (1)EC$=x$，ED$=y$ とする。
$\angle$ECD$=\angle$EAB より，
$\triangle$ECD∽$\triangle$EAB
よって，
$x:2=(y+6):4$
$y:2=(x+3):4$
したがって，$x=5$，$y=4$
ゆえに，EC・EB$=5\times8=\mathbf{40}$
同様に，FC$=u$，FB$=v$ とすると，
$u:3=(v+4):6$
$v:3=(u+2):6$
したがって，$u=\dfrac{10}{3}$，$v=\dfrac{8}{3}$
ゆえに，$\text{FC・FD}=\dfrac{10}{3}\times\dfrac{16}{3}$
$$=\frac{160}{9}$$

(2)4 点 B，C，G，F は同一円周上にあるから，
$\angle$FGC$=\angle$CBA ……①
方べきの定理から
EG・EF=EC・EB ……②
4 点 A，B，C，D は同一円周上にあるから，
$\angle$CBA$=\angle$EDC ……③
①，③より，$\angle$FGC$=\angle$EDC
よって，4 点 E，D，C，G は同一円周上にある。
さらに，FG・FE=FC・FD ……④
(1)で，EC・EB=40
$$\text{FC・FD}=\frac{160}{9}$$
だから，②，④より，
EG・EF=40

$$\text{FG}\cdot\text{FE}=\frac{160}{9}$$

この 2 式を加えると，

$$(\text{EG}+\text{FG})\text{EF}=\frac{520}{9}$$

$$\text{EF}^2=\frac{520}{9}$$

$$\text{EF}=\frac{2}{3}\sqrt{130}$$

26 2つの円　(p.52〜53)

96 点Qから PB へ垂線 QH を
引くと，

$$\text{QH}^2=(3+r)^2-(3-r)^2$$
$$\quad\quad=(5-r)^2-(r-1)^2$$

よって，$r=\dfrac{6}{5}$

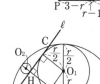

97 円Oの半径 r が円 O_1 の
直径に等しいから，円 O_1
の半径は $\dfrac{r}{2}$ である。

円 O_2 の半径を r_2 とする。
点Oから ℓ へ垂線 OH
を引くと，直線 OH 上に点 O_2 がくるとき，r_2 は最
大となる。$\text{OH}=r-2r_2$
点 O_1 から OH に垂線 OM を引くと，

$$\text{HM}=\frac{r}{2},\ \text{OM}=\frac{r}{2}-2r_2$$

$\triangle O_1OM \backsim \triangle OAH$ だから，辺の比を考え，
$\text{AH}=2\text{OM}=r-4r_2$
$\triangle OAH$ で三平方の定理より，

$$r^2=(r-4r_2)^2+(r-2r_2)^2$$
$$(r-2r_2)(r-10r_2)=0$$

円 O_2 の半径は円 O_1 の半径より小さいから，求め

るものは，$r_2=\dfrac{r}{10}$

98 半径 $3a$ の 2 円の中心
を O_1，O_2 とし，半径 $2a$
の円の中心を O_3 とする。
この 3 円が内接する円の
中心をPとし，2 円 O_1
と O_2 の接点をMとすると，
$\text{PM}\perp O_1O_2$
円Pの半径を R とすると，
$\text{PO}_1=R-3a$

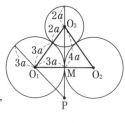

よって，$\text{PM}=\sqrt{(R-3a)^2-(3a)^2}$ ……①
ここで，$\triangle O_1O_3M$ は直角三角形で，
$O_1M=3a$，$O_1O_3=5a$ だから，
$O_3M=4a$
よって，$\text{PM}=|R-(2a+4a)|$ ……②
①，②より，

$$\sqrt{(R-3a)^2-(3a)^2}=|R-6a|$$

両辺を平方して，$R=6a$
ゆえに，求める半径の 1 つは，**$6a$**
次に，3 円 O_1，O_2，O_3
に外接する円の中心をQ
とし，半径を r とする。

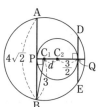

$$\text{QM}=\sqrt{(3a+r)^2-(3a)^2}$$
$$O_3Q=2a+r$$
$$O_3M=4a$$
$\text{QM}=O_3M-O_3Q$ だから，

$$\sqrt{(3a+r)^2-(3a)^2}=4a-(2a+r)$$

平方して，$r=\dfrac{2}{5}a$

ゆえに，求める半径のもう 1 つは，$\dfrac{2}{5}a$

99 (1)円 C_1 の弦が円 C_2 に点
Pで接するとき，C_2P と
その弦は垂直である。長さ
が $4\sqrt{2}$ の弦を AB とする。
2 つの円の中心間の距離を
$C_1C_2=d$ とすると，直径
6 の円 C_1 の内部に直径 3 の円 C_2 があるから，
d は円 C_2 の半径より小さい。

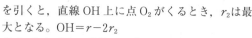

つまり，$d<\dfrac{3}{2}$ ……①

$\triangle C_1PB$ において，三平方の定理より，
$C_1B^2=C_1P^2+PB^2$

$$3^2=\left(\frac{3}{2}-d\right)^2+(2\sqrt{2})^2$$

$$(2d-1)(2d-5)=0$$

①より，求める距離は，$d=\dfrac{1}{2}$

(2)円 C_1 の弦で円 C_2 に接するものの長さが最小に
なる弦 DE は，$C_1C_2\perp\text{DE}$ となり，長さが最大
となった(1)の弦 AB と異なるほうである。
線分 DE と円 C_2 との接点をQとすると，
$\triangle C_1QE$ は直角三角形であり，
$C_1E=3$

$$C_1Q=\frac{1}{2}+\frac{3}{2}=2$$

よって，三平方の定理より，
$\text{QE}=\sqrt{3^2-2^2}=\sqrt{5}$
つまり，
$\text{DE}=2\text{QE}=2\sqrt{5}$
ゆえに，求める値は，$2\sqrt{5}$

27 作　図　(p.54〜55)

100 PO の中点をとり，PO を直径とする円を作図す
る。円Oと作図した円との交点が接点になるので，
この点と点Pを結ぶ直線を引く。

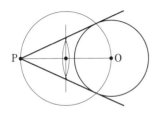

101 (1)平行線と線分の比の性質を用いる。

下の図のように，端点を共有するように長さ a の線分 AD を作図し，その延長上に BD∥CE となるように点Eをとる。

AB：BC＝AD：DE より，

$1:a=a:DE$

だから，線分 DE の長さが a^2 となる。

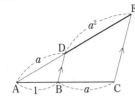

(2)下の図のように，線分 AC を直径とする円を作図して，点Bを通る AC の垂線を引き，円との交点を P，Q とする。

このとき，PB＝BQ だから，方べきの定理より，

$1 \times a = PB^2$ で，

PB＞0 だから，$PB=\sqrt{a}$ となる。

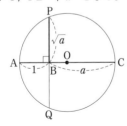

102 2つの円の半径の差をとり，これを半径とする円を，O′ を中心としてかく。**100** の方法で，点Oからこの円に接線を作図する。この接線を円Oの半径分だけ平行移動する。

また，2つの円の半径の和をとり，これを半径とする円を，O′ を中心としてかく。同様に，点Oからこの円に接線を作図して，円Oの半径分だけ平行移動する。

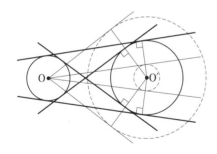

103 まず，∠AOB の二等分線を作図して，二等分線上に中心をとって，2辺 OA，OB に接する円を1つ作図する。

この円と OB の接点を P，角の二等分線の交点のうち点Oから遠いほうを Q，角の二等分線と弧 AB との交点を Q′ として，PQ∥P′Q′ となるように，OB 上に P′ をとると，P′ が求める円と OB の接点となる。

よって，点 P′ を通る OB の垂線を作図し，∠AOB の二等分線との交点をCとすると，C が中心となり，半径 CQ′ の円をかけばよい。

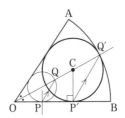

104 (1)右の図のように，正五角形 ABCDE は円Oに内接するから，

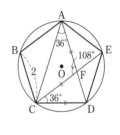

$\angle CAD = \dfrac{1}{2}\angle COD$

$= \dfrac{1}{2} \times (360° \div 5)$

$= 36°$

△ACD，△CDF は頂角 36° の二等辺三角形，△FAC は頂角 108° の二等辺三角形であり，

CD＝CF＝AF＝2

△ACD と △CDF は相似であるから，対角線 AC の長さを x とすると，

AC：CD＝CD：DF

$x:2=2:(x-2)$

$x^2-2x-4=0$

$x＞0$ だから，$x=1+\sqrt{5}$

(2)①線分 AB の垂直二等分線 ℓ を引き，AB の中点をCとする。

②Cを中心とする半径 AB の円をかき，ℓ との交点をDとする。

③A，D を通る直線 m を引く。

④Dを中心とする半径 AC の円をかき，m との交点のうちAから遠いほうをEとする。

AB＝2 とすると，$AD=\sqrt{1^2+2^2}=\sqrt{5}$ だから，

$AE=1+\sqrt{5}$

⑤Aを中心とする半径 AE の円をかき，ℓ との交点をFとする。

⑥F，A を中心として，それぞれ半径 AB の円をかき，その交点をGとする。

⑦F，B を中心として，それぞれ半径 AB の円をかき，その交点をHとする。

FGABH が求める正五角形である。

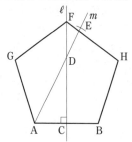

各面は 1 辺 $\sqrt{2}$ の正三角形で，面の数は 8 だから，表面積は，$\dfrac{1}{2}\times\sqrt{2}\times\sqrt{2}\times\dfrac{\sqrt{3}}{2}\times 8=4\sqrt{3}$

体積は，$2\times 2\times\dfrac{1}{2}\times 2\times\dfrac{1}{3}=\dfrac{4}{3}$

(3)正八面体の頂点の数は 6，辺の数は 12，面の数は 8 だから，

(頂点の数)－(辺の数)＋(面の数)

$=6-12+8=2$

であり，オイラーの多面体定理が成り立っている。

28 空間図形と多面体 (p.56〜57)

105 四角形 ABCD は正方形だから，

AC⊥BD

CG⊥平面ABCD だから，

CG⊥BD

AC と CG は平面ACG 上にあり，AC⫰CG なので，BD⊥平面ACG

AG は平面ACG 上にあるから，BD⊥AG

同様にして，DE⊥AG が成り立つ。

BD と DE は平面BDE 上にあり，BD⫰DE なので，AG⊥平面BDE

106 四面体 A-BCD において，AB，BC，CD，DA，BD，AC の中点をそれぞれ L，M，N，P，Q，R とする。

△ABC において中点連結定理より，

LR∥BC，$LR=\dfrac{1}{2}BC$

△DBC において中点連結定理より，

QN∥BC，$QN=\dfrac{1}{2}BC$

よって，LR∥QN，LR＝QN

四角形 LQNR は，1 組の対辺が平行かつ等しくなるので平行四辺形で，対角線 LN，QR は互いに他を 2 等分する。

対角線の交点を O とすると，

OL＝ON，OQ＝OR

同様にして，四角形 LMNP も平行四辺形であるから，対角線 MP は，対角線 LN の中点O を通る。

したがって，LN，QR，MP は O を通るから，3 本の線分は 1 点で交わる。

107 (1)**正八面体**

(2)立方体の 4 辺を 2 等分する平面で切ったときの断面を考えると，正八面体の 1 辺の長さは直角二等辺三角形の辺の比より，$\sqrt{2}$

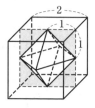

第3章 数学と人間の活動

29 整数の性質 (p.58〜60)

108 (1)$x^5-x=x(x^4-1)$

$\qquad =x(x^2-1)(x^2+1)$

$\qquad =x(x-1)(x+1)(x^2+1)$

$x(x-1)(x+1)$ は連続した 3 つの整数の積だから，6 の倍数である。

さらに，$x=5k$，$5k\pm 1$（k は整数）のとき，x，$x+1$，$x-1$ のいずれかが 5 の倍数になるので，x^5-x は 30 の倍数になる。

$x=5k\pm 2$（k は整数）のときは，

$x^2+1=(5k\pm 2)^2+1$

$\qquad =5(5k^2\pm 4k+1)$

より，x^2+1 が 5 の倍数になるので，x^5-x は 30 の倍数になる。

(2)(1)より，x^5-x，y^5-y はいずれも 30 の倍数になるから，

$x^5-x=30l$，$y^5-y=30m$（l，m は整数）

とおく。

このとき，$x^5=x+30l$，$y^5=y+30m$ より，

$x^5 y-xy^5=(x+30l)y-x(y+30m)$

$\qquad =30(ly-mx)$

$ly-mx$ は整数だから，$x^5 y-xy^5$ は 30 の倍数である。

109 $P=m^3-1-4(m^2+m+1)$

$\qquad =(m-1)(m^2+m+1)-4(m^2+m+1)$

$\qquad =(m-5)(m^2+m+1)$

$m\geqq 1$ より，$m-5\geqq -4$，$m^2+m+1\geqq 3$

P が素数だから，$m-5=1$，$m^2+m+1=P$

このとき，$m=6$，$P=\mathbf{43}$

110 正の約数の個数が 28 個である正の整数を n として，n を素因数分解して表す。

(i)n が 1 つの素数の累乗のとき，

n が最小の正の整数になるのは $n=2^p$ と表されるときであり，約数の個数は $p+1$ だから，

$p+1=28$ より，$p=27$

このとき，$n=2^{27}$

(ii) n が 2 つの素数の累乗の積のとき,

n が最小の正の整数になるのは $n=2^p3^q$ と表されるときであり,約数の個数は $(p+1)(q+1)$ だから,$(p+1)(q+1)=28$

$p \geqq 1$, $q \geqq 1$ で n を最小にするには,

$p=6$, $q=3$

このとき,$n=2^6 \times 3^3=1728$

(iii) n が 3 つの素数の累乗の積のとき,

n が最小の正の整数になるのは $n=2^p3^q5^r$ と表されるときであり,約数の個数は

$(p+1)(q+1)(r+1)$ だから,

$(p+1)(q+1)(r+1)=28=2 \cdot 2 \cdot 7$

$p \geqq 1$, $q \geqq 1$, $r \geqq 1$ で n を最小にするには,

$p=6$, $q=1$, $r=1$

このとき,$n=2^6 \times 3 \times 5=960$

(iv) n が 4 つの素数の累乗の積のとき,

n が最小の正の整数になるのは $n=2^p3^q5^r7^s$ と表されるときであり,約数の個数は

$(p+1)(q+1)(r+1)(s+1)$ だから,

$(p+1)(q+1)(r+1)(s+1)=28$

これを満たすような $p \geqq 1$, $q \geqq 1$, $r \geqq 1$, $s \geqq 1$ である整数は存在しない。

(v) n が 5 つ以上の素数の累乗の積のとき,

(iv) と同様,約数の個数が 28 個になることはない。

よって,求める最小の正の整数は,**960**

---

111 (1) $1365=3 \times 5 \times 7 \times 13$, $1560=2^3 \times 3 \times 5 \times 13$

よって,最大公約数は,

$3 \times 5 \times 13=$**195**

別解

```
 3) 1365  1560
 5)  455   520
13)   91   104
      7     8
```

より,最大公約数は,$3 \times 5 \times 13=$**195**

(2) $3x \leqq 2y \leqq z$ より,$y \geqq \dfrac{3}{2}x$, $z \geqq 3x$

よって,$x \geqq 2$ より,

$xyz \geqq x \times \dfrac{3}{2}x \times 3x \geqq \dfrac{9}{2}x^3$

したがって,$1365 \geqq \dfrac{9}{2}x^3$ であるから,

$x^3 \leqq \dfrac{910}{3}$

これを満たす 2 以上の整数 x は $x=2$, 3, 4, 5, 6 であるが,x は 1365 の約数だから,$x=3$, 5

$x=3$ のとき,$yz=5 \times 7 \times 13=455$ であり,

$9=3x \leqq 2y \leqq z$ も満たす 2 以上の整数 y, z の組は,

$y=5$, $z=7 \times 13=91$

$y=7$, $z=5 \times 13=65$

$y=13$, $z=5 \times 7=35$

$x=5$ のとき,$yz=3 \times 7 \times 13=273$ であるが,

$15=3x \leqq 2y \leqq z$ も満たす 2 以上の整数 y, z の組は,存在しない。

以上より,条件を満たす整数 x, y, z の組は,

$(\boldsymbol{x}, \boldsymbol{y}, \boldsymbol{z})=(3, 5, 91)$, $(3, 7, 65)$,
$(3, 13, 35)$

112 (1)① $r_2=r_3q_4$ より,r_3 は r_2 の約数である。

$r_1=r_2q_3+r_3$
$=r_3q_4q_3+r_3$
$=r_3(q_4q_3+1)$

よって,r_3 は r_1 の約数である。

$b=r_1q_2+r_2$
$=r_3(q_4q_3+1)q_2+r_3q_4$
$=r_3(q_2q_3q_4+q_2+q_4)$

よって,r_3 は b の約数である。

$a=bq_1+r_1$
$=r_3(q_2q_3q_4+q_2+q_4)q_1+r_3(q_4q_3+1)$
$=r_3\{(q_2q_3q_4+q_2+q_4)q_1+(q_3q_4+1)\}$

よって,r_3 は a の約数である。

② $a=mc$, $b=nc$ (m, n は整数) とおくことができるので,

$r_1=a-bq_1$
$=c(m-nq_1)$

$r_2=b-r_1q_2$
$=c\{n-(m-nq_1)q_2\}$

$r_3=r_1-r_2q_3$
$=c(m-nq_1)-c\{n-(m-nq_1)q_2\}q_3$
$=c[(m-nq_1)-\{n-(m-nq_1)q_2\}q_3]$

よって,c は,r_1, r_2, r_3 の約数である。

③ $r_1=a-bq_1=a+b(-q_1)$

$r_2=b-r_1q_2$
$=b-\{a+b(-q_1)\}q_2$
$=a(-q_2)+b(1+q_1q_2)$

$r_3=r_1-r_2q_3$
$=a+b(-q_1)-\{a(-q_2)+b(1+q_1q_2)\}q_3$
$=a(1+q_2q_3)+b(-q_1-q_3-q_1q_2q_3)$

いずれの式においても,a, b の係数は整数である。

よって,r_1, r_2, r_3 はそれぞれ,整数 x, y を用いて $ax+by$ の形に表すことができる。

④ ① より,r_3 は a, b の公約数で,② より,a, b の公約数は r_3 の約数である。

よって,r_3 は a, b の最大公約数 d であり,③ より,$d=r_3$ は $ax+by$ の形で表される。

(2) $2077=1829 \times 1+248$, $1829=248 \times 7+93$,
$248=93 \times 2+62$, $93=62 \times 1+31$, $62=31 \times 2$

より,最大公約数は,**$d=31$**

$2077x+1829y=31$ より,

$67x+59y=1$

$8x+59(x+y)=1$ となるので,$x+y=z$ とおくと,$8x+59z=1$

$8(x+7z)+3z=1$ となるので，$x+7z=w$ とおくと，$8w+3z=1$
この式は，$w=2$，$z=-5$ とすると成り立つ。
このとき，$x+7z=2$，$x+y=-5$ より，
$\boldsymbol{x=37}$，$\boldsymbol{y=-42}$

☑注意
(2) $d=2077x+1829y$ を満たす x，y の組は $x=37$，$y=-42$ 以外にもいくつも存在する。
$x=-22$，$y=25$
$x=-81$，$y=92$
$x=96$，$y=-109$ など

30 記数法 (p.61)

113 $20212_{(3)}=2\times3^4+0\times3^3+2\times3^2+1\times3+2\times1$
$=162+18+3+2$
$=\boldsymbol{185_{(10)}}$

114 abc が5進法で表された3桁(けた)の整数，cab が7進法で表された3桁の整数であるから，a，b，c は $1\leqq a\leqq4$，$0\leqq b\leqq4$，$1\leqq c\leqq4$ の整数である。
$N=a\times5^2+b\times5+c$,
$N=c\times7^2+a\times7+b$
であるから，$25a+5b+c=49c+7a+b$ より，
$9a+2b=24c$
ここで，$9a+2b=24c\leqq9\times4+2\times4=44$
よって，$c=1$ となるので，$9a+2b=24$
$9a=2(12-b)$ であるから，$12-b$ は9の倍数であり，$b=3$ このとき，$a=2$
以上より，$\boldsymbol{a=2}$，$\boldsymbol{b=3}$，$\boldsymbol{c=1}$
$N=2\times5^2+3\times5+1$
$=\boldsymbol{66}$

31 座標・測量，ゲーム (p.62〜63)

115 原点をO，東に5m進んだ地点をA，西へ9m進んだ地点をB，北へ16m進んだ地点をCとし，これらを座標で表すと，それぞれ
A(5, 0, 0)，B(−9, 0, 0)，C(0, 16, 0)
となる。
上空のドローンの位置をPとし，その座標を (x, y, z) とする。ただし，$z>0$ である。
AP=13 より，$\sqrt{(x-5)^2+y^2+z^2}=13$
よって，$(x-5)^2+y^2+z^2=169$ …… ①
BP=15 より，$\sqrt{(x+9)^2+y^2+z^2}=15$
よって，$(x+9)^2+y^2+z^2=225$ …… ②
CP=20 より，$\sqrt{x^2+(y-16)^2+z^2}=20$
よって，$x^2+(y-16)^2+z^2=400$ …… ③
①〜③を連立すると，$z>0$ を考慮して，
$x=0$，$y=0$，$z=12$
よって，点Pの座標は **(0, 0, 12)** である。
ドローンは，**国旗掲揚ポールの根元から真上に12m上がった位置**にある。

116 (1) A地点とB地点の緯度の差は，
35°12′16″−35°12′03″=13″
A，B間の距離が402mなので，
地球の1周は，
$\dfrac{402}{13}\times60\times60\times360=40076307.7\cdots\fallingdotseq40076308(\mathrm{m})$
$\fallingdotseq$**40076 km**
地球の半径を r km とすると，
$2\pi r=40076$
$r=\dfrac{40076}{2\pi}$
$\pi=3.14$ を代入して，
$r=40076\div6.28=6381.5\cdots\fallingdotseq\boldsymbol{6382(\mathrm{km})}$
(2) 地球の中心からシシャパンマの山頂までの距離は，
$6382+8.027=6390.027(\mathrm{km})$
山頂と山頂から見える最も遠い地点との間の距離を x km とすると，三平方の定理より，
$x^2=6390.027^2-6382^2$
$=40832445.060729-40729924=102521.060729$
$x=320.18910\cdots\fallingdotseq\boldsymbol{320(\mathrm{km})}$

117 (1)(例) 初めに，天秤の左右の皿にそれぞれ3枚のコインを置く。
左側が高くなった場合，左皿の3枚の中に偽物がある。
右側が高くなった場合，右皿の3枚の中に偽物がある。
釣り合った場合，天秤に置かなかった3枚の中に偽物がある。
次に，偽物候補を含む3枚のうち左皿に1枚，右皿に1枚置く。
左側が高くなった場合，左皿に置いたコインが偽物である。
右側が高くなった場合，右皿に置いたコインが偽物である。
釣り合った場合，天秤に置かなかったコインが偽物である。
(2)(例) 初めに，天秤の左右の皿にそれぞれ2枚のコインを置く。
左側が高くなったとき，次の3つの場合がある。
(i) 左側には軽いコインが2枚，右側には重いコインが2枚。
(ii) 左側には軽いコイン，重いコインがそれぞれ1枚，右側には重いコインが2枚。
(iii) 左側には軽いコインが2枚，右側には軽いコイン，重いコインがそれぞれ1枚。
次に，それぞれの皿から1枚ずつ取る。
㋐ 釣り合わなかったとき，天秤上にある2枚で確定する。

⑦釣り合ったとき，2回目の操作で天秤から取った2枚で確定する。

釣り合ったとき，次の2つの場合がある。

(ⅰ)4枚全て同じ重さ。

(ⅱ)それぞれの皿に重いコインと軽いコインが1枚ずつ。

次に，どちらか一方の皿にある2枚を1枚ずつ左右の皿に乗せる。

⑦釣り合ったとき，最初の4枚のうちから1枚，残りの4枚から1枚取って確定する。

⑦釣り合わなかったとき，天秤上にある2枚で確定する。

(3)(例)取り出したコインの総数は，

$1+3+18+27=49$（枚）

49枚すべてが本物のコインだと仮定すると，

$12×49=588$（g）

しかし，実際に取り出したコインの重さの合計は634gなので，

$634-588=46$（g）より，

13gのコインは，46枚あることになる。

ここで，$46=1・3^3+2・3^2+0・3^1+1・1=27+18+1$

よって，本物のコインが入っている袋は，**B**